弘兼憲史
教你聰明看懂財報

弘兼憲史・著
劉錦秀・譯

商周出版

在凡事都有可能發生的社會上，我們必須學會自己的事自己負責。

第 1 章

從財務報表可以解讀到什麼？

從財務報表可以看到公司的廬山真面目！

要在經濟茫然的大環境中活下去，就必須要有獨自判斷、一個人執行的心理準備。財務報表是最佳工具！會看財務報表，一定事半功倍！

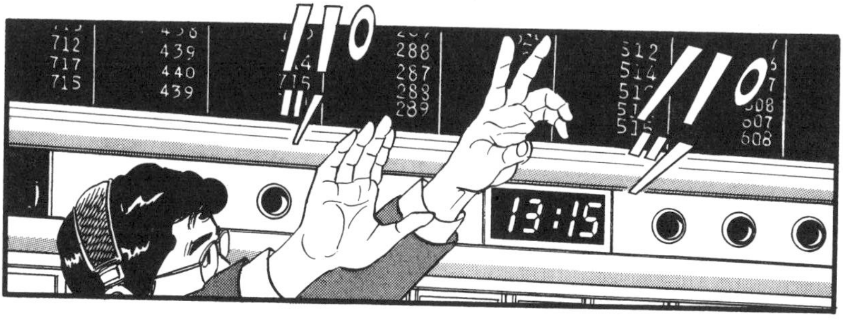

財務報表是可以了解公司營運狀況的成績單

掌握三種表

解讀公司「資產」「獲利」「現金」的關鍵就在各種財務報表中。所以必須要了解財務報表中常用的專業用語及數字所代表的意義。

財　產
資產負債表
顯示某特定時日公司資產狀況的財務報表。報表左邊的是資產。能夠將資金轉化成各種生財器具的會計科目就叫資產，例如現金、房屋等等。報表右邊的是負債及資本（股東權益），例如流動負債、應付帳款等等。從這份報表上，我們就可以知道每個會計科目有多少金額。
獲　利
損益表
顯示公司在某段期間盈利所得的財務報表。透過這份報表，可以知道公司在本業上賺了多少，在副業上賺了多少，扣除折舊損失、支付稅金之後，最後到底有多少盈利。

公司為了提高收入，每天都會進行營業活動。統計成果的「公司成績單」就叫做財務報表。

公司成績單和學校的成績單不同的是，學校成績的好壞，取決於製作成績單之人的判斷。但是公司成績單的判斷者，不是製作財務報表的人，而是看財務報表的人。

工作的時候，相信每個人都會很關心自己公司以及客戶的經營狀況。另外，要判斷是否要開始和客戶進行新的合作時，財務報表也一定可以派得上用場。

我們口中的財務報表，事實上並不是特指一種報表，而是由好幾種報表所構成的。

其中最重要的是就是資產負債表、損益表、及現金流量表這三種財務報表。

從財務報表可以解讀到什麼？

1.公司有賺錢嗎？

可以看到自己公司經營的狀況，也可以看到客戶如何賺錢及賺了多少錢。換句話說，就可以衡量公司的前景。

2.公司會不會倒閉？

狀況看似不差，但是還是要確認公司的盈利有沒有全都拿去償還債款。如果公司抱著大量的不良債權，公司就會倒閉。

3.公司今後有發展嗎？

和以前的報表一比較，就知道公司的業績是否有成長，公司是否有未來。要修正公司的成長軌道和客戶的合作方向，都必須以這個觀點做為判斷的依據。

現 金

現金流量表

顯示公司某期間現金流量狀況的報表。資產負債表、損益表是以前財務報表的兩大支柱。但是近年來現金流量表越來越受到重視。因為從現金流量表可以了解「財產」和「獲利」所看不的現金流動狀況。

財報也可以表現公司的氣勢。一份內容完備的財報，勝過萬份宣傳。

各種報表為誰而做？

財務報表

財務報表是一種通稱。在日本商法上的正式名稱是「計算書」，在證券交易法則稱「財務報表」。換句話說，財務報表的名稱會因所依據的法律不同而有不同。

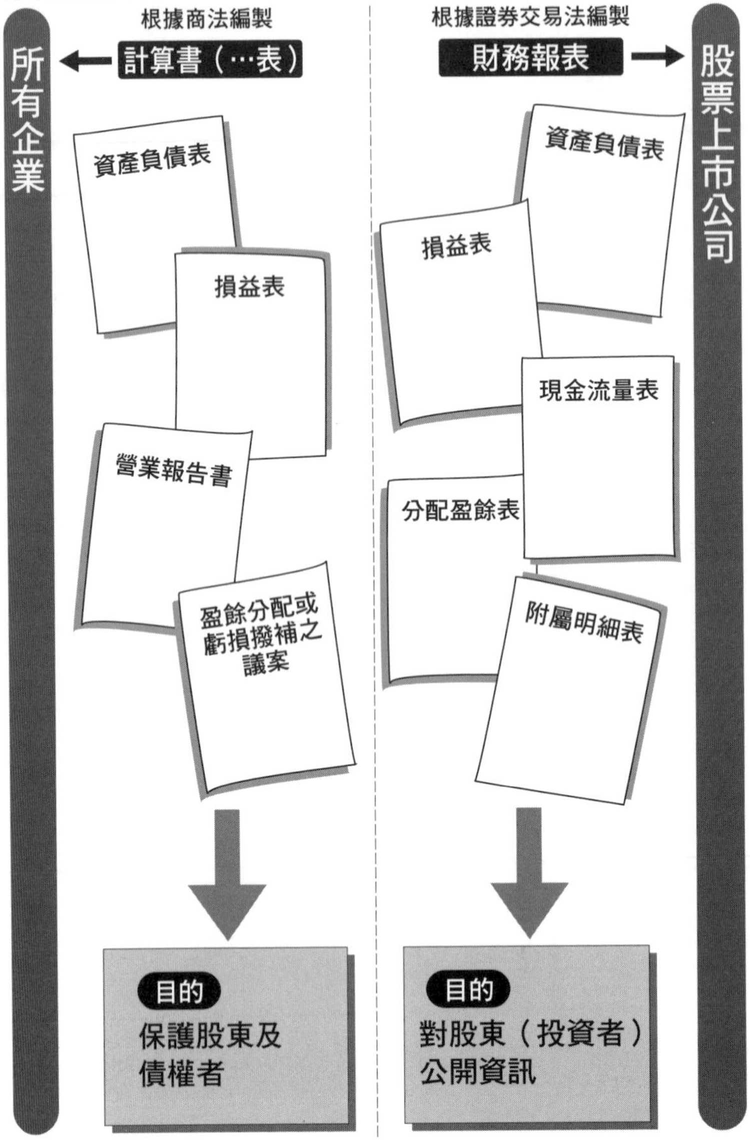
根據商法編製
計算書（…表）
所有企業
資產負債表
損益表
營業報告書
盈餘分配或虧損撥補之議案
目的
保護股東及債權者
根據證券交易法編製
財務報表
股票上市公司
資產負債表
損益表
現金流量表
分配盈餘表
附屬明細表
目的
對股東（投資者）公開資訊

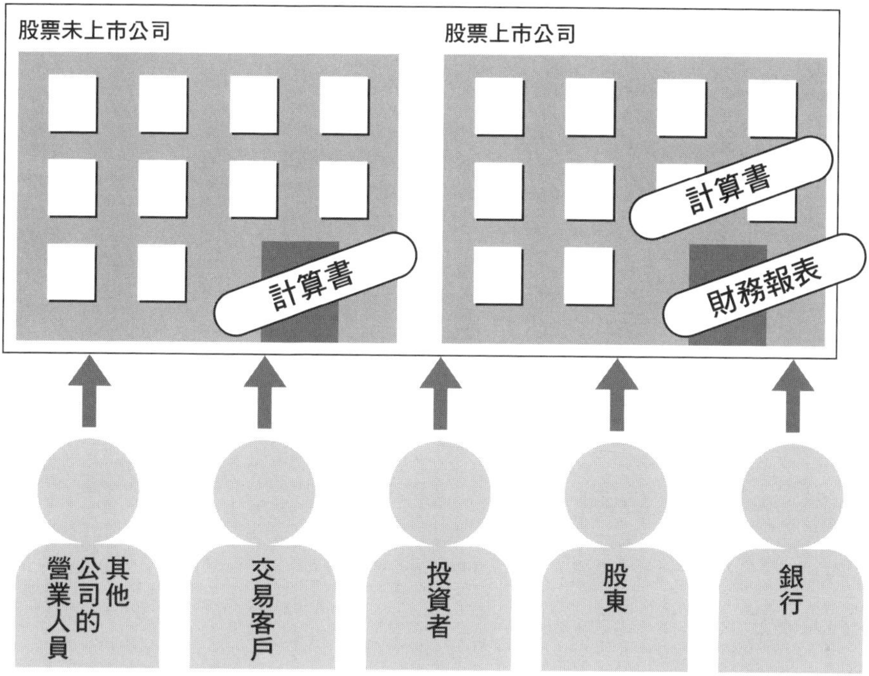
股票未上市公司
計算書
股票上市公司
計算書
財務報表
其他公司的營業人員
交易客戶
投資者
股東
銀行

如果是股份有限公司，財務報表是由會計部門來製作，再交給股東等和公司有利害關係的人過目。

公告義務

根據商法，所有的股份有限公司都有義務廣泛讓社會眾人看到財務報表。這叫做公告義務。

在日本所有的公司都有義務根據「商法」「證券交易法」編製財務報表。

事實上，財務報表是只是一種通稱。在商法上正式的名稱是「計算書」，在證券交易法上則稱「財務報表」。雖然構成「現金及存款」「應付票據（Note payable）」財務報表的用語（在會計專業用語上，稱為會計科目）有若干不同，但是最大的不同點還是在於它們編製的目的。計算書是為保護債權者而做，財務報表是為了向投資者公開資訊而製作。

另外，編製財務報表時，必須依據會計規則來製作，不能由公司自行決定。因此，完成後的財務報表是可以和其他公司的財務報表做比較的。

認識編製財務報表的時間和期間的基本規則

大多數的公司會在三月底進行決算

雖然會計期間可以自行決定，但是大多數的日本公司和學校所設定的會計期間，都是從4月1日至3月31日（這種會計期間正好是一年，所以又稱會計年度。我國則為1月1日至12月31日。）財務報表之所以又稱為公司成績單的原因就在此。

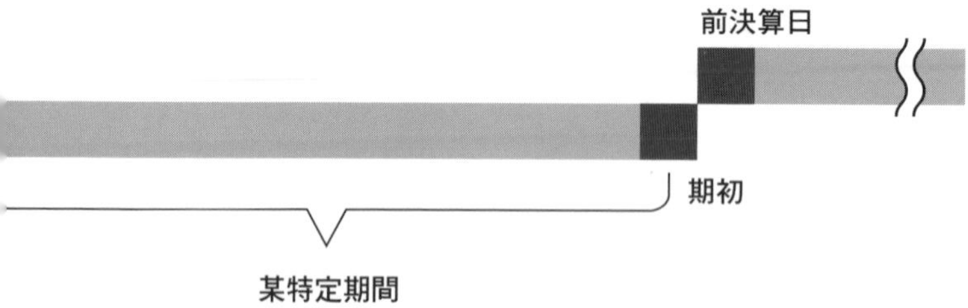

損益表
報導公司在某一特定期間內的「收益（經營績效）」狀況。

資產負債表
傳遞公司在某一特定日期的「財產（財務狀況）」訊息的工具。

財務報表至少必須一年做一次。也就是說，只要製作時間在一年之內，公司可以自行設定期間，要做幾次都可以。大多數的日本公司是以四月一日至三月三十一日為特定期間來編製財務報表（編按：我國的會計年度為一月一日至十二月三十一日）。

此特定期間就叫會計期間（Accounting Period）。會計期間的第一天叫期初，最後一天叫期末，也就是決算日。

財務報表由公司自行編製，完成之後不可立即對外公布。也就是除了要得到公司監察人、各董事的認可之外，最後還必須獲得擁有公司股票的股東們的同意。為此公司必須要召開股東大會。

依法股東大會必須在決算日起的三個月之內召開。

半年決算（半年制）、四季決算（四季制）

通常，企業有義務一年編製一次財務報表。但是股票上市公司則有義務半年編製一次財務報表。
另外，因為會計期間可以自行設定，所以每一季編製一次財務報表的企業也越來越多。積極對外報告公司經營的狀況，可以增強公司的可信度。

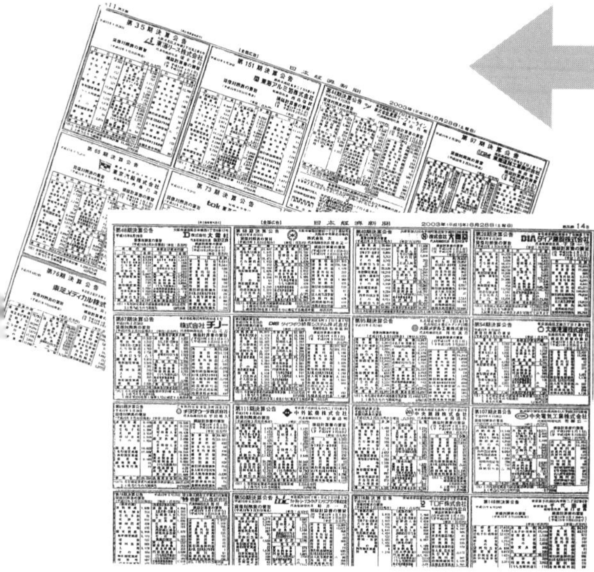

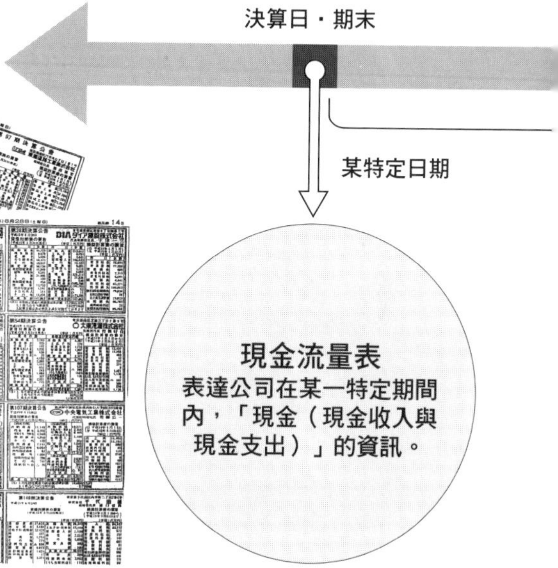

決算日・期末
某特定日期
現金流量表
表達公司在某一特定期間內，「現金（現金收入與現金支出）」的資訊。

COLUMN

設法獲得各種財務報表

想要掌握一家公司的概況，不妨先看看該公司的財務報表。股票上市公司的財務報表一般人都可以拿得到。

在報紙及該公司的網站上，也可以看得到這些財報。這些財報資料通常在股東大會的第二天就會公告。

在日本，如果想知道詳細的內容，可以看財務省所出版的《有價證券報告書》。在大型書店只要花二千日元左右就可以買得到。裡面除了有各種財務報表之外，對於各公司的歷史、股東名冊等等資訊也都記載地非常詳細。

要從各種財報中解讀正確的資訊，必須和過去的財報做比較。所以最少要購買三期的《有價證券報告書》。

譬如，日本的啤酒業界就以一月一日至十二月三十一日為會計期間（曆年制）。

公司的潛力由「財產」來決定

又稱為「Balance sheet」的資產負債表

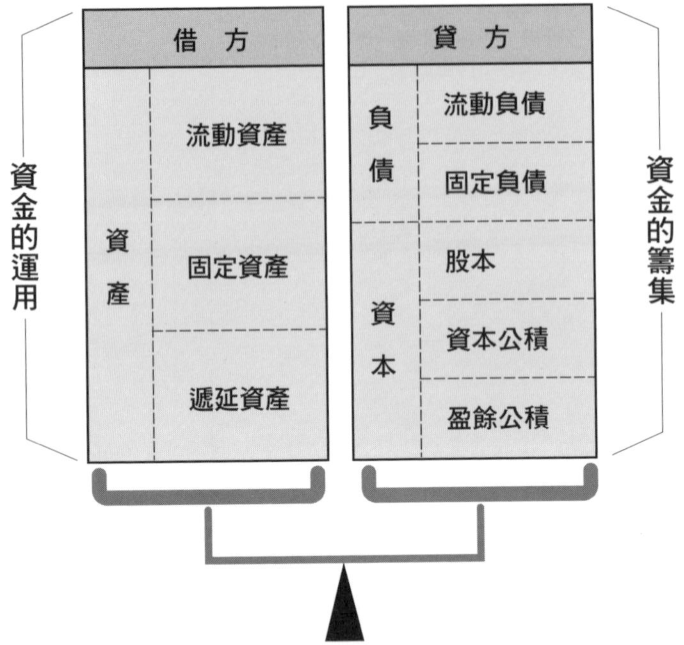

因為資金的運用（借）和資金的籌集（貸）要保持平衡（要相互對照），所以叫「Balance sheet」。

資產負債表是表示公司在決算日那天公司擁有多少財產（資產），且這些資產是來自借款（負債）還是自己的錢（股本）的工具。

從這份報表上，我們可以知道什麼會計科目用了多少錢，而這些錢又是怎麼來的。也就是說，從這份報表上我們可以了解資金運用的方法及資金籌集的方法。

資產負債表分左右兩邊，左邊表示資產，在會計用語上稱借方。右側是向他人借來的錢，也就是負債，及自己所準備的錢，也就是資本（股東權益），在會計用語上稱為貸方。

如何妥善運用列在貸方的兩種資金，及如何充實借方下的會計科目，就是我們看資產負債表的兩個重點。

前決算日
期初
決算日・期末

資產負債表

○○年○月○日現在　　（單位：百萬日圓）

科　目	金　額	科　目	金　額
（資產部分）		（負債部分）	
Ⅰ **流動資產**	○○○	Ⅰ **流動負債**	○○○
現金及存款	○○○	應付票據	○○○
應收票據	○○○	應付帳款	○○○
應收帳款	○○○	短期借款	○○○
有價證券	○○○	未繳納的法人稅等	○○○
存貨	○○○	預提獎金	○○○
其他流動資產	○○○	其他流動負債	○○○
備抵呆帳	△○○○		
Ⅱ **固定資產**	○○○	Ⅱ **固定負債**	○○○
（有形固定資產）	○○○	應付公司債	○○○
建築物、構築物	○○○	長期應付款	○○○
機械設備、搬運器具	○○○	應計退休金負債	○○○
工具、器具、備品	○○○	其他固定負債	○○○
土地	○○○	**負債總額**	○○○
未完工程及預付購置設備款	○○○		
（無形固定資產）	○○○		
專利權	○○○	（資本部分）	
營業權	○○○	Ⅰ **股本**	
商標權	○○○	Ⅱ **資本盈餘**	○○○
軟體	○○○	資本公積	○○○
其他無形固定資產	○○○	其他資本公積	○○○
（投資等其他資產）	○○○	Ⅲ **保留盈餘**	○○○
投資有價證券	○○○	法定盈餘公積	○○○
子公司股票	○○○	特別盈餘公積	○○○
長期應收款	○○○	本期未分配之盈餘	○○○
長期預付費用	○○○	Ⅳ **庫藏股**	△○○○
備抵呆帳	△○○○		
Ⅲ **遞延資產**	○○○	**資本總額**	○○○
資產總額	○○○	**負債及資本總額**	○○○

財產的內容
現金、建築物、商品等。

他人資本
銀行等
必須還的資金。例如，向銀行借貸的金錢等。

自己的資本
股東
可以不還的資金。例如股本或過去所賺的利潤等。

從資產負債表可以知道的事

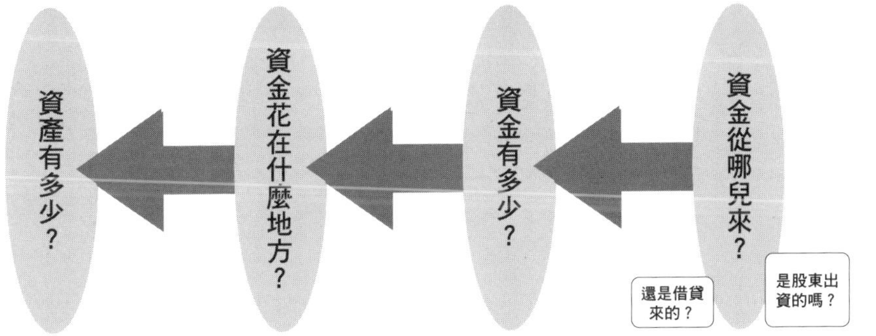
資產有多少？
資金花在什麼地方？
資金有多少？
資金從哪兒來？
還是借貸來的？
是股東出資的嗎？

公司的氣勢由「獲利」來決定

五種「獲利」

獲利	說明	減去的項目
銷貨淨額		
銷貨毛利	扣除銷貨成本後的餘額。毛利。	銷貨成本
營業利益	正常營業所產生的利潤。	銷售費用及一般管理費
經常利益	連同主要營業活動以外所產生的損益一併計算之後的收入。	營業外收益、營業外費用
本期稅前淨利（稅前純益）	計算臨時損益後的利潤。	特別利益、特別損失
本期淨利（純益）	繳納稅金之後的最後利潤。	法人稅等

以營業收入為被減數，循序減去各種費用，就可以算出五種「獲利」。

依照中小企業廳的「中小企業會計」改寫。

損益表是顯示公司在某段期間賺了多少錢、虧了多少錢的報表。表上常會出現「收益」「費用」「利益」等名詞。「獲利」指的是「利益」。「利益」是正的，就是「收益」；「利益」是負的，就是「費用」。以「獲利」為中心去思考，就很容易整理了。（利潤是一種剩餘權）

不管是「獲利」還是「利益」，問題的核心還是在於公司到底是靠什麼賺錢的。也就是說，要弄清楚損益表上的數字到底是公司靠本業賺的錢，還是靠金融財經知識等副業賺來的錢。抑或是，繳納了稅金之後所剩餘的金額是否是真正的收益。

因此看損益表時，我們一定要掌握損益表上的五種利潤，仔仔細細看清楚這五種獲利的金額。

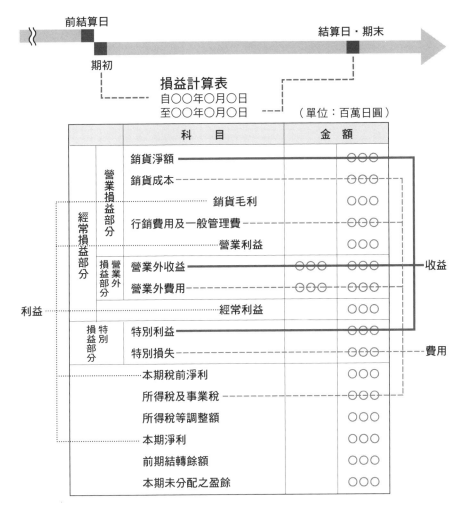

損益計算表
自○○年○月○日
至○○年○月○日

（單位：百萬日圓）

		科目	金額		
經常損益部分	營業損益部分	銷貨淨額		○○○	收益
		銷貨成本		○○○	費用
		銷貨毛利		○○○	利益
		行銷費用及一般管理費		○○○	費用
		營業利益		○○○	利益
	營業外損益部分	營業外收益	○○○	○○○	收益
		營業外費用	○○○	○○○	費用
		經常利益		○○○	利益
特別損益部分		特別利益		○○○	收益
		特別損失		○○○	費用
		本期稅前淨利		○○○	利益
		所得稅及事業稅		○○○	費用
		所得稅等調整額		○○○	
		本期淨利		○○○	利益
		前期結轉餘額		○○○	
		本期未分配之盈餘		○○○	

財務報表可以在網路上閱覽。

可以看到公司真正所擁有的錢

盯著金錢的流向

現金流量表上的數字，不是單純的數字。因為這些數字記錄了公司荷包中真正的一分一毫。

損益表
公司的氣勢
了解公司到底是賺是虧的報表。

資產負債表
公司的潛力
了解公司有多少財產的報表。

現金流量表
資金的狀況
了解公司擁有多少現金的報表。

為掌握在資產負債表及損益表上看不到的實際經營狀態而編製。日本自1999年4月1日起，股票上市公司有編製現金流量表之義務。

「現金」可以看到資產負債表及損益表上所沒有資訊。

在被迫倒閉的企業當中，有的「資產負債表」、「損益表」決算出來的數字是「正」的。這就是我們常說的「黑字倒閉」，也就是企業因變現能力不足而倒閉。

在學習看財報當中，的確可以了解很多狀況。不過，有的時候現金的流出和流入和報表是不一致的。譬如，報表上明明寫著賺進一千萬日圓，可以現金卻沒有增加一千萬日圓。

所以企業必須要有緊盯著現金不放的「現金流量表」。從「現金流量表」，我們就可以知道企業躲藏在「財產」和「獲利」之下的盧山真面目。

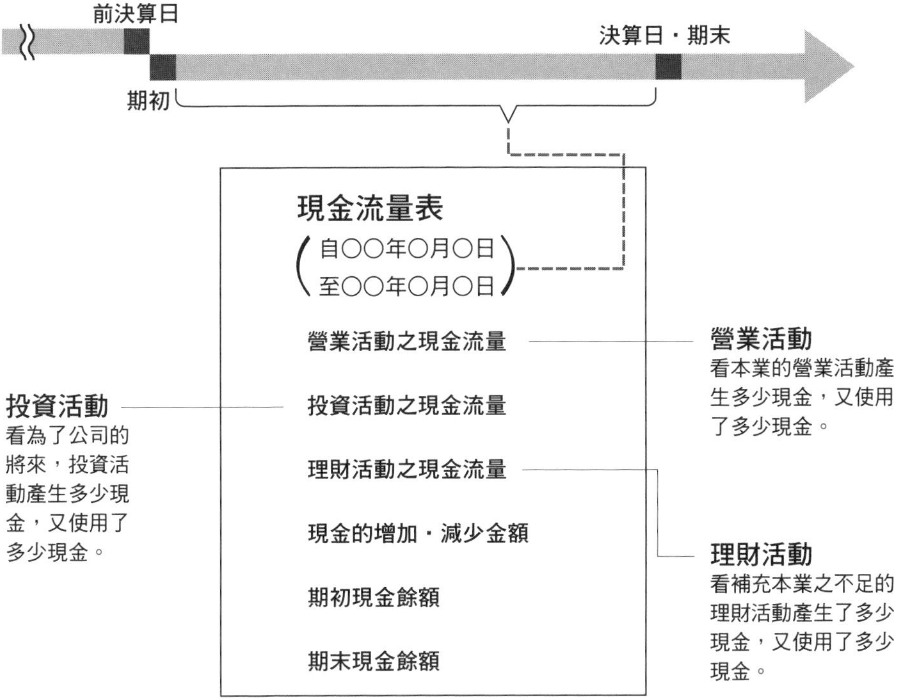
前決算日
決算日・期末
期初
現金流量表
自○○年○月○日
至○○年○月○日
營業活動之現金流量
投資活動之現金流量
理財活動之現金流量
現金的增加・減少金額
期初現金餘額
期末現金餘額
營業活動
看本業的營業活動產生多少現金，又使用了多少現金。
投資活動
看為了公司的將來，投資活動產生多少現金，又使用了多少現金。
理財活動
看補充本業之不足的理財活動產生了多少現金，又使用了多少現金。

營業活動淨現金流量
投資活動的現金流量
理財活動的現金流量

從各自的流量看現金的增減。

COLUMN

令人哭不出來的黑字倒閉

交易商之間以互信為基礎，承諾先交貨，對方再支付現金，或者是再收取現金叫做「信用交易」。

這種賒銷或賒借的買賣方式，就是日本最常用的交易方法。

信用交易從發生交易到實際收到現金會有時間滯延。

採取信用交易的公司，如果事先沒有時間滯延的概念，就會陷入「應該有收益卻沒有現金」的狀態。

因這種時間滯延而週轉不靈導致破產就叫做「黑字破產」。

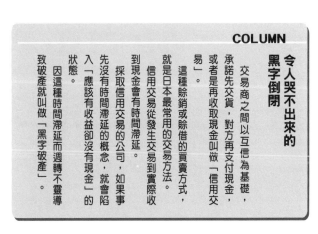

第2章

資產負債表

公司的潛力由「財產」決定

資產負債表是表示決算時公司「財產」的財務報表。公司的財產愈多就愈有潛力，經營也愈穩定。在經濟不景氣的狀況下，想知道公司可以撐多久，不妨看看資產負債表。

談判從一開始就在高度關注之下展開。協商的過程看似順利，但是一碰到股價的問題就卡住了。
我們希望一股90美元。貴公司意下如何？
你們擁有九千五百萬股。9500萬×90美元×135美元……是一兆一千億日圓。
我們希望的價格是八十五億五千萬美元。

分開讀取是了解的捷徑

資產負債表的結構

借方（左側）是資產，貸方（右側）是負債和資本（股東權益）。然後再將資產分成流動資產及固定資產，負債分成流動負債及固定負債。

流動資產　固定資產　遞延資產　流動負債　固定負債　資本　資本公積　法定公積

資產負債表

〇〇年〇月〇日現在　（單位：百萬日圓）

科　目	金　額	科　目	金　額
（資產部分）		（負債部分）	
Ⅰ流動資產	〇〇〇	Ⅰ流動負債	〇〇〇
現金及存款	〇〇〇	應付票據	〇〇〇
應收票據	〇〇〇	應付帳款	〇〇〇
應收帳款	〇〇〇	短期借款	〇〇〇
有價證券	〇〇〇	未繳納的法人稅等	〇〇〇
存貨	〇〇〇	預提獎金	〇〇〇
其他流動資產	〇〇〇	其他流動負債	〇〇〇
備抵呆帳	△〇〇〇		
Ⅱ固定資產	〇〇〇	Ⅱ固定負債	〇〇〇
（有形固定資產）	〇〇〇	應付公司債	〇〇〇
建築物、構築物	〇〇〇	長期應付款	〇〇〇
機械設備、搬運器具	〇〇〇	應計退休金負債	〇〇〇
工具、器具、備品	〇〇〇	其他固定負債	〇〇〇
土地	〇〇〇		
未完工程及預付購置設備款	〇〇〇	負債總額	〇〇〇
（無形固定資產）	〇〇〇		
專利權	〇〇〇	（資本部分）	
營業權	〇〇〇	Ⅰ股本	
商標權	〇〇〇	Ⅱ資本盈餘	〇〇〇
軟體	〇〇〇	資本公積	〇〇〇
其他無形固定資產	〇〇〇	其他資本公積	〇〇〇
（投資等其他資產）	〇〇〇	Ⅲ保留盈餘	〇〇〇
投資有價證券	〇〇〇	法定盈餘公積	〇〇〇
子公司股票	〇〇〇	特別盈餘公積	〇〇〇
長期應收款	〇〇〇	本期未分配之盈餘	〇〇〇
長期預付費用	〇〇〇	Ⅳ庫藏股	△〇〇〇
備抵呆帳	△〇〇〇		
Ⅲ遞延資產	〇〇〇	資本總額	〇〇〇
資產總額	〇〇〇	負債及資本總額	〇〇〇

流動資產、股本、應收票據等等列在財務報表上的項目叫做會計科目。

資產負債表是表示決算日公司財務狀況（資產、負債、資本〔股東權益〕）的報表。

想要了解最好分類思考。首先，先將整體分成資產、負債、資本三個部分。然後再將資產分成流動資產、固定資產、遞延資產，負債分成流動負債、固定負債，資本分成股本、盈餘。

資產和負債都有「流動」和「固定」的列項。而且不管是資產或者負債都是先列示「流動」的部分，再列示「固定」的部分。這是因為流動資產和流動負債能夠快速變現。思考變現速度是非常重要的。

變現力就是公司的支付能力，所以對外最能展現公司的可信度。

會計科目的列示順序

資產負債表會計科目的列示方法是有規則的。每一個公司都不能隨意列示。

流動性配列法

在日本，是把資產、負債以類似現金帳的順序列示，做為編製資產負債表的基本原則。

譯註：台灣的資產負債表有三種格式，帳戶式資產負債表、財務狀況式資產負債表、報告式資產負債表。日本的流動性配列法，如P.24，就如同台灣的帳戶式資產負債表。

固定性配列法

除了電力公司、天然氣公司等等擁有許多固定資產的業種之外，幾乎鮮有企業會使用這種格式。

流動和固定的區分方法

正常營業循環基準

在企業正常營業循環（採購〔進貨〕→製造→販賣〔銷貨〕→回收）之中的會計科目。

→ 流動

一年基準（One-Year Rule）

看看應收期限、應付期限是否是在決算日次日起的一年之內。

1年之內 → 流動

超過1年 → 固定

譯註：以負債來說，如果應收、應付期限在一年之內，就列在流動負債中，如果超出一年就列在固定負債之下。

COLUMN

有潛力的公司

資產負債表雖然是提列財產的報表，但是報表中並沒有出現關鍵財產、重要財產等等名詞，反而只有一些類似資產的名詞。

這是因為資產負債表是根據會計上資產是正財產，負債是負財產的獨特思維方式編製而成的。

所以看公司財產的時候，不能只看資產部分，還必須多多關心負債的部分。當然，等於是自己資本部分的「資本部分」也要仔細端詳。

自己的資本是由股東自己所提供的資金（股本）及公司積存下來的錢（盈餘）所構成。換句話說，這一部分的財產和負債不一樣，是不需要償還的。

因此，一家公司可以週轉的錢，如果不是從金融等等機構借來的，而是靠自己的能力籌集來的，這家公司可以說就是一家有潛力的公司。

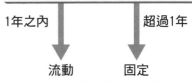

資產負債表的左側是借方，顯示的是資產

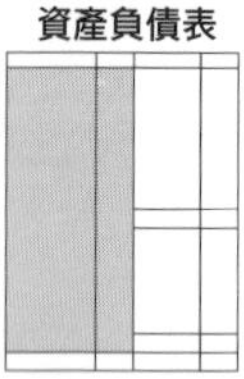

不是只有金錢和貨品才叫資產

將來有可能帶來利益，或者是對企業營業活動有助益的，全都可認定是資產。

（資產部分）	
Ⅰ **流動資產**	○○○
現金及存款	○○○
應收票據	○○○
應收帳款	○○○
有價證券	○○○
存貨	○○○
其他流動資產	○○○
備抵呆帳	△○○○
Ⅱ **固定資產**	○○○
（有形固定資產）	○○○
建築物、構築物	○○○
機械設備、搬運器具	○○○
工具、器具、備品	○○○
土地	○○○
未完工程及預付購置設備款	○○○
（無形固定資產）	○○○
專利權	○○○
營業權	○○○
商標權	○○○
軟體	○○○
其他無形固定資產	○○○
（投資等其他資產）	○○○
投資有價證券	○○○
子公司股票	○○○
長期應收款	○○○
長期預付費用	○○○
備抵呆帳	△○○○
Ⅲ **遞延資產**	○○○

根據一年基準（One-Year Rule）及正常營業循環基準區分成為流動資產和固定資產。

資產負債表的左側，在會計用語上稱為借方，顯示的是資產。資產可分為三個部分。

流動資產（參照P.30）和固定資產（P.36），則是根據一年基準和正常營業循環基準來區分。

遞延資產不同於其他的資產，既沒有金錢價值，也不具有什麼權利。因為屬於這一部分的資產可以預知後果會出現在將來（預付收益），而費用也可以先延期（預付費用），所以稱之為遞延資產（參照P.46）。

要決定這些資產的金額有兩個原則可循。一是歷史成本法，就是根據獲得該資產時金額來決定。二是市價法，就是根據編製財報時的價值來決定。

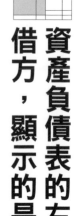

COLUMN

歷史成本法和市價法

在舊有的會計制度裡，是以獲得該資產時的金額來評估公司的資產價值。這叫做歷史成本法。

根據歷史成本法來估算會出現矛盾。譬如，五十年前買的土地到了現在仍然把當時的時價列在財務報表上就很奇怪。

因此，大家又想到了以編製財報當時的價值來評估資產價值的市價法。不過，評估資產的原則一般仍採取歷史成本法。至於市價法，則只有在資產價滑落時才會使用。

但是最近市價法已逐漸成為主流。這表示各種財報的透明度愈來愈高了。

流動資產

現金、存款等等，在一年之內可以變現的資產。公司營業活動過程中的資產。

固定資產

長期使用並長期保有的資產。包括土地、建築物等有形固定資產及可買賣權利的無形固定資產。不屬於流動資產也不屬於固定資產的投資等等，則叫其他的資產。

遞延資產

和其他的資產不同，是屬於沒有金錢價值的資產。例如為開發新產品所花的費用（預付費用）。（參照P.46）

因為立體電視機的開發時間很早，所以從開始研發到完成所花的費用，一直都列入遞延資產中計算。

資產負債表

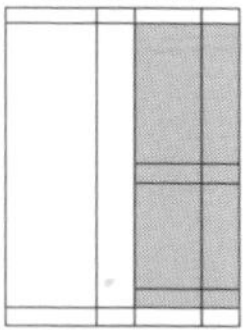

資產負債表的右側是貸方，顯示負債和資本

從錢的來源決定列示的位置

經營公司最重要的是要有錢。籌集資金的方法有兩種。一種向別人借，一種是自己拿出來。

（負債部分）	
Ⅰ **流動負債**	○○○
應付票據	○○○
應付帳款	○○○
短期借款	○○○
未繳納的法人稅等	○○○
預提獎金	○○○
其他流動負債	○○○
Ⅱ **固定負債**	○○○
應付公司債	○○○
長期應付款	○○○
應計退休金負債	○○○
其他固定負債	○○○
負債總額	○○○
（資本部分）	
Ⅰ **股本**	○○○
Ⅱ **資本盈餘**	○○○
資本公積	○○○
Ⅲ **保留盈餘**	○○○
法定盈餘公積	○○○
特別盈餘公積	○○○
本期未分配之盈餘	○○○
Ⅳ **庫藏股**	△○○○

根據一年基準（One-Year Rule）及正常營業循還基準區分成為流動負債和固定負債。

由股東自己籌措的資本（股本）及公司所賺的錢（盈餘）所構成。因此有人說股東的荷包即自己的荷包。

資產負債表的右側在會計用語上稱貸方，顯示的是負債和資本。

負債和資產一樣，原則上是根據一年基準和正常營業循還基準，區分成流動負債和固定負債。簡單來說，流動負債就是馬上償還的借款，固定負債則是可以慢慢償還的借款。

資本是表示無需償還的資金，由股東出資的股本及公司賺錢後貯存的盈餘所構成。

負債是向他人借來的錢，股本是股東從自己從荷包裡掏出來的錢。從資產負債表的右側，就可以知道資金的籌集來源。

負債和股本的不同點

1.有無支配權

股東（股本）擁有股份（股票）所賦予的表決權（股東可行使表決權）。向銀行借來的錢（負債）則無表決權。

2.償還

向股東籌集來的資本可以不需要償還。負債則有義務在償還期限之前償還。

3.成本

公司有義務支付股東「紅利」，支付負債「利息」。利息的利率通常都比紅利低，而且還會因為經費而下跌。

流動負債

一年之內有義務償還的負債。營業過程中的負債。（參照P.50）

固定負債

最後支付期限超過一年的負債。（參照P.52）

股本

來自股東的資金。公司所發行的股票當中，有一部分就是股東的股本。泛指普通股。

資本盈餘

未編入股本中的資本公積（Capital Reserve，股票發行金額的1/2）、賣掉自己股份後的利益、損失等。（參照P.58）

保留盈餘

把公司賺的錢的1/10不外流，也不分配給股東，存起來以備公司不時之需的盈餘叫法定盈餘公積。配合公司目的可以任意使用的盈餘叫特別盈餘公積。

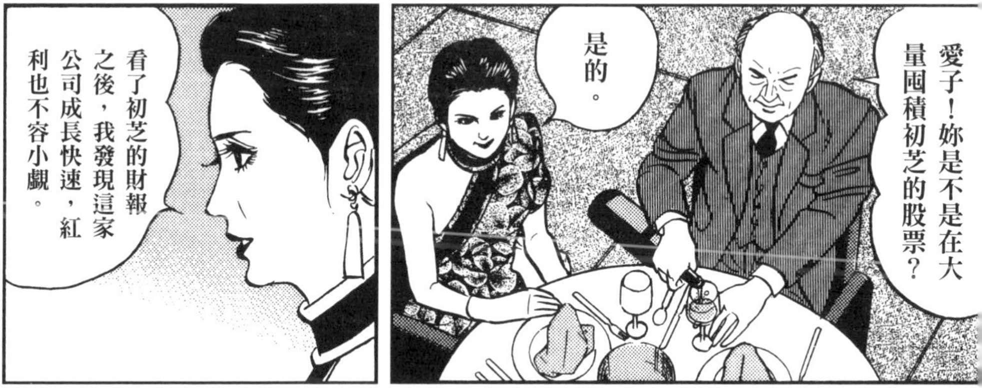

愛子！妳是不是在大量囤積初芝的股票？
是的。
看了初芝的財報之後，我發現這家公司成長快速，紅利也不容小覷。

詳細認識流動資產的會計科目

資產負債表

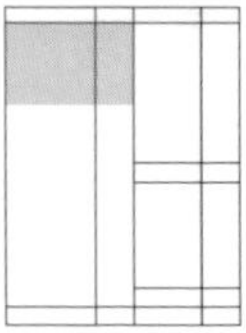

「流動」就是可以馬上變現的意思

（資產部分）

Ⅰ 流動資產

- 現金及存款
- 應收票據
- 應收帳款
- 有價證券
- 存貨
- 其他流動資產

現金（cash）指的是法定通貨及開給別家公司的支票。存款包括銀行存款、郵局存款、金錢信託、定期存款等等。

在不久的將來，我方有權利要求對方對於我方所提供的商品、服務以現金給付的會計科目。何時向哪家銀行收取多少錢的證明就叫支票。

是指在不久的將來，我方有權利要求對方對於我方所提供的商品、服務以現金給付的會計科目。應收帳款和應收票據不同的是，應收帳款多為口頭承諾。

因為暫時性的投資而擁有別家公司所發行的股票、公司債、國庫券等。

指庫存。商品、產品、半成品等等。名稱、內容會因業種的不同而有不同。（參照P.32）

流動資產就是從決算日起一年之內可以變現的資產。例如「現金及存款」「應收票據」等會計科目。

流動資產的會計科目如上表，大致可以分為六類。不過，一般都是分成三個群組。

①速動資產
②存貨
③其他流動資產

速動資產是指流動資產當中，在非常短的時間內就可以變現的資產。

存貨（盤存資產）簡單來說就是庫存。

其他流動資產則是指凡是無法適當歸屬於上述兩類別的雜項科目資產。

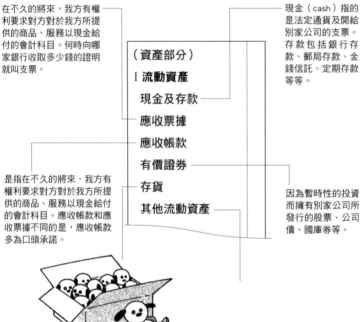

從流動資產可以知道公司的穩定度

速動資產

現金及存款

應收票據

應收帳款

有價證券

流動資產如果比資產負債表右欄的流動負債多很多，就表示該公司的支付能力很強。想要更進一步了解公司的支付能力，可以抽出流動資產中的四種資產，也就是速動資產做分析判斷。速動資產多就表示該公司支付能力強，也就可以安心進行交易了。

財報中並沒有「速動資產」這個會計科目。把流動資產中最容易變現的四個會計科目歸納合起來就叫做「速動資產」。

嗯……支票的兌換日是什麼時候？有現金嗎？

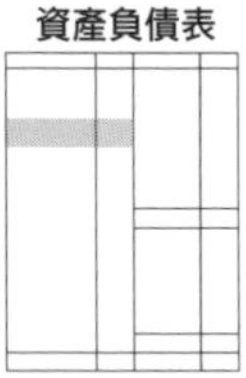

庫存和預付租金也都是重要的資產

詳細認識存貨及其他流動資產的會計科目

存貨和其他流動資產的會計科目列在流動資產科目中或者是速動資產之下，並依照可變現的難易程度來排列。

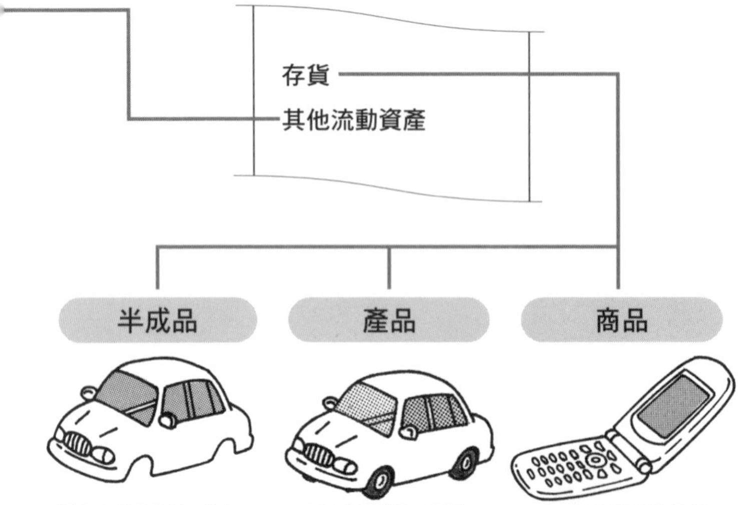

還未完成的產品、尚在製作中的資產。

自己公司製造的貨品。

向別人採購來的貨品（進貨）。

看財報的時候要注意產品和商品的不同。製造業會記成產品，零售商則會記成商品。

「掌控庫存者主導生意！」對公司而言，庫存管理是非常重要的。

存貨指的就是在決算日之前尚留在倉庫裡的庫存。也就是要為下一個年度貢獻的資產。

如果從下一個年度收入來源的角度來思考的話，庫存是愈多愈好。但是，如果是從「賣剩下」的角度來思考，庫存就愈少愈好了。會因不同看法而有不同評價的資產就是存貨。

辦公室的租金、定期購買雜誌的預付款、員工出差前的暫時預支款等，則都列入由雜項科目所構成的其他流動資產當中。

這些會計科目的金額雖然都不多，但是從整體來看的話，還是不容忽視的。

預付費用

提前支付租金、雜誌訂費等，或者是商品尚未送到即先支付貨款。

短期貸款

借給客戶、公司重要股東幹部、公司從業人員，預定一年之內可以償還的錢。

其他預付款、遞延收益等。

應收未收款

公司主要營業活動之外所產生的未回收債權。

暫付款

因為金額不確定，以事後精算為前提暫時先支付的款項。例如，出差前、接待賓客前先申請的費用等。

庫存過多過少都是損失

多

1. 場地費、人事費會增加。
2. 長時間置放，貨品品質會打折扣。

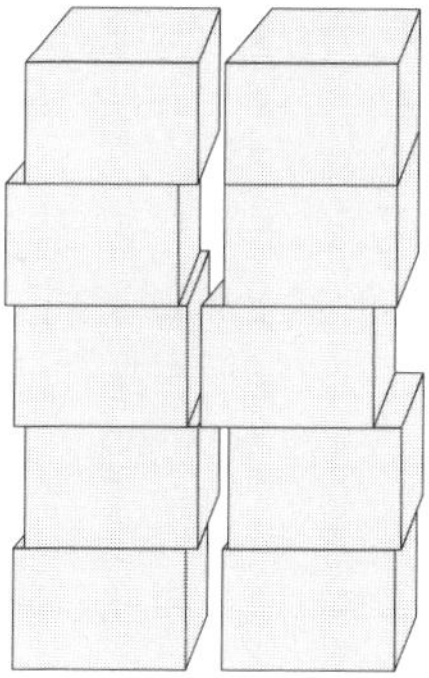

少

1. 缺貨會讓客戶不滿，進而坐失商機。
2. 分次訂貨耗費成本。

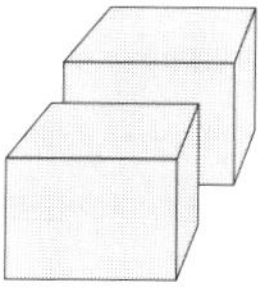

預付費用的計算方法

（單位：萬日圓）

假設辦公室的租金一個月100萬日圓，在1月1日即先付了一年份的租金。

100萬日圓乘以12個月就是1200萬日圓。如果是在三月底結算的話，1～3月分的300萬日圓就是本期費用，4～12月分的900萬日圓就是預付費用，提示在流動資產之下。

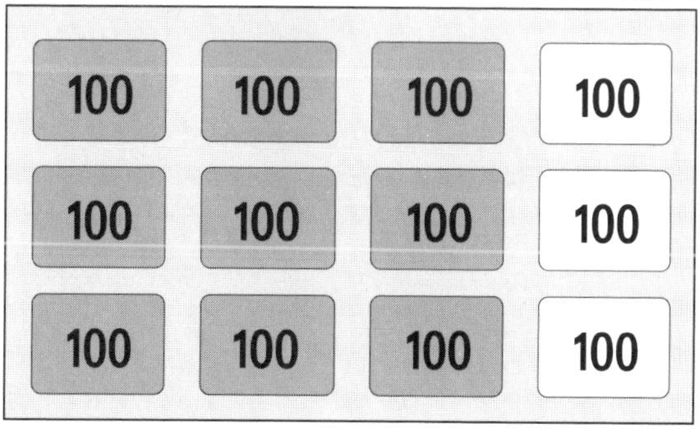
100
100
100
100
100
100
100
100
100
100
100
100

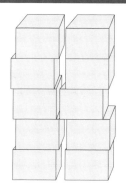

POINT 1

盤存資產的會計處理

計算盤存資產的期末價值有「原價法（成本模式）」和「低價法」兩種方法。
原價法……取得資產時的金額。也就是用取得成本來評價。
低價法……比較時價和取得成本之後，用比較低的一方的金額來計算。

原價法的代表性計算法

計算盤存資產的價值時，最具代表性的方法是先進先出法、後進先出法及加權平均（成本）法。

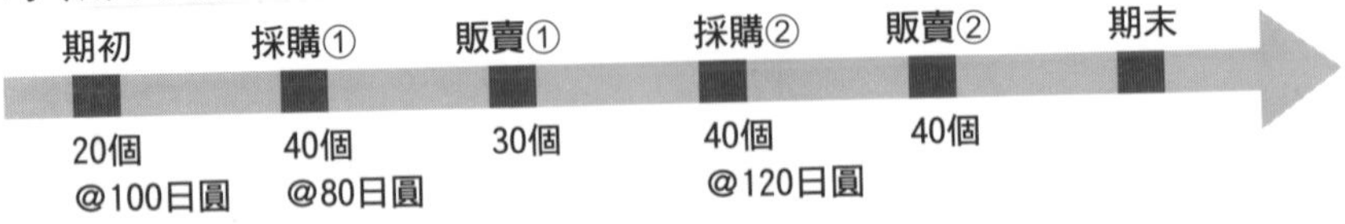

期初
採購①
販賣①
採購②
販賣②
期末
20個
@100日圓
40個
@80日圓
30個
40個
@120日圓
40個

先進先出法
（期末會剩下後來進的貨）

期初　20個 → 販賣①20個
採購①40個 → 販賣①10個
　　　　　 → 販賣②30個
採購②40個 → 販賣②10個
　　　　　 → 期末庫存30個×@120日圓＝3600日圓

期末庫存合計30個　@120日圓　3600日圓

後進先出法
（期末會剩下先前進的貨。）

採購①40個 → 販賣①30個
　　　　　 → 期末庫存10個×@80日圓＝800日圓
採購②40個 → 販賣②40個
期初　20個 → 期末庫存20個×@100日圓＝2000日圓

期末庫存合計30個　2800日圓

加權平均（成本）法
（以採購值的平均值為根本。就是假設所有的商品均勻混合，無論是出售或盤存，都含有期初存貨及本期購進的商品，因此成本也就平均計算。）

期初	20個	20個×@100日圓＝2000日圓	
採購①	40個	40個×@ 80日圓＝3200日圓	
採購②	40個	40個×@120日圓＝4800日圓	
合計	100個	@100日圓	10000日圓
販賣	70個	@100日圓	7000日圓
期末庫存合計	30個	@100日圓	3000日圓

不管選用哪一種方法，期末存貨的價值都不一樣。所以低價法即用取得該資產時價格和市場價格中較低的一方金額來計算。但是盤存資產一般來說很難掌握時價，所以在現實中，大部分的公司還是會用原價法來評價。

「掌控庫存者主導生意！」

期末能夠精準估算庫存量，就可以正確認識資產。另外，為了營業活動能夠順暢運作，接到訂單後一定要能夠馬上出貨。但是，要擁有較多的庫存就必須要有更多的資金。

缺貨

妥善的庫存管理

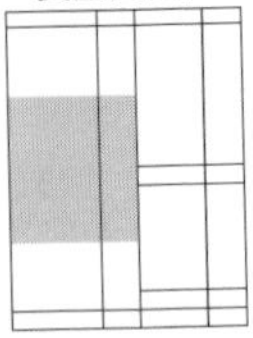

歸納整理三種資產，看看是否能夠折舊

三種固定資產

Ⅱ**固定資產**

（有形固定資產）

建築物、構築物

機械設備、搬運器具

工具、器具、備品

土地

未完工程及預付購置設備款

（無形固定資產）

專利權

營業權

商標權

軟體

其他無形固定資產

（投資等其他資產）

如土地、房屋等有形體的資產。（參照P.40）

如權利等肉眼看不見的法律上的資產。（參照P.42）

使用無法適當歸屬於上述兩類的固定資產成立子公司或者是出資等。（參照P.42）

一般是指有實體存在，供營業使用而不以出售為目的，且使用年限超過一年以上的資產即稱為固定資產（Fixed Assets）。固定資產可分為三類。

①有形固體資產

②無形固定資產

③投資等其他資產

流動資產為了經營分析而分成三個群組。（參照P.30）固定資產則正好相反。我們要把三類的固定資產當成一個群組來思考。

因為看了固定資產之後，就會發現重要的資產大多數都如同建築物、機器設備一般，會隨著使用而消耗。也就是說，固定資產的價值會漸漸往下跌。所以必須做分攤成本的處理。（參照P.38）這種分攤成本的程序在會計上稱之為折舊(depreciation)。這種資產則稱之為折舊性資產。

折舊資產快速一覽表

折舊性資產	
有形固定資產	建築物、構築物 機械裝置、搬運器具 工具、器具及備品
無形固定資產	專利權 營業權 商標權 軟體權
投資等其他資產	長期預付費用

非折舊性資產	
有形固定資產	土地 未完工程及預付購置設備款 (參照P. 40)
無形固定資產	
投資等其他資產	投資有價證券 成立子公司 長期應收款

不過固定資產中也有像土地、有價證券等價值不會遞減的資產。這類資產由於沒有折舊的必要，所以稱之為非折舊性資產。

大家要留意的是，不是只有有形固定資產才會折舊，法律上的無形固定資產裡也有折舊資產。

POINT2

折舊的估算方法

機械等物品用幾年才計算折舊？又要用什麼方法來計算折舊呢？

什麼叫折舊？

車是固定資產。雖然當時是以現金購買的，但是在當時那個特定的時間並不能列入費用計算。

假設用公司的經費購買新幹線的車票。購買車票所支付的錢就叫「費用」。

在會計的世界裡，費用的意思是消費了經濟價值。

新幹線的車票在搭上了新幹線的那個時間點就失去了價值。但是車子不一樣。會計上的認定是，用錢去購買車子只是單純的等價交換，所以車子的價值並不會減少。

開始是亮晶晶的新車，也會因為磨損而遍體鱗傷。也就是說這部車子被消費了。在會計的世界裡，就是車子產生了「費用」。

車票不屬於折舊資產。

意味固定資產價值減少的費用就叫「折舊費用」。

資產一定要考慮到它可以使用幾年。這叫耐用年限（useful life）。
折舊期間原則上是用耐用年限來設定。
公司自行決定也可以。但是一般都是根據法人稅法所規定的「法定耐用年限」來計算折舊。

兩種計算方法

直線法

車　300萬日圓

270萬日圓	第一年	45萬日圓
	第二年	45萬日圓
	第三年	45萬日圓
	第四年	45萬日圓
	第五年	45萬日圓
	第六年	45萬日圓
10%	殘值	30萬日圓

計算折舊的方法有兩種。一種是每年以一個平均額度折舊的「直線法（日本稱定額法）」。另外一種是每年以一定的比率折舊的「定率餘額遞減法（日本稱定率法）」。假設以300萬日圓取得的車子，耐用年限是六年，即如左邊的兩個表。殘值※是指把取得價格的10%留下來當作廢棄物處分，只適用於有實體的有形固定資產。

※殘值是指目前市場上，已使用達耐用年限的相同資產的公平價值（淨售值）

定率餘額遞減法

車　300萬日圓

如果分六年折舊的話，就乘上3.19（折舊率）

270萬日圓	第一年	95.7萬日圓	300×0.319＝95.7
	第二年	65.2萬日圓	（300-95.7＝204.3）×0.319
	第三年	44.4萬日圓	（204.3-65.2＝139.1）×0.319
	第四年	30.2萬日圓	（139.1-44.4＝94.7）×0.319
	第五年	20.6萬日圓	（94.7-30.2＝64.5）×0.319
	第六年	14.0萬日圓	（64.5-20.6＝43.9）×0.319
10%	殘值	30萬日圓	

耐用年限和定率餘額遞減法的折舊率

2年	0.684
5年	0.369
6年	0.319
10年	0.206
20年	0.109
45年	0.050
60年	0.038

代表性資產的耐用年限
辦公室（鋼筋水泥建造）50年
辦公室（木造）24年
汽車6年
電腦4年
營業權5年
軟體5年

詳細認識有形固定資產的會計科目

資產負債表

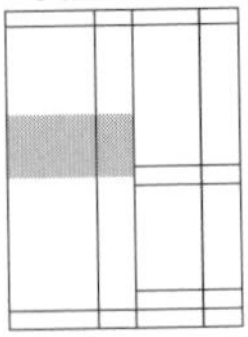

即如字面的意思，就是眼睛看得到有實體的資產

（有形固定資產）
- 建築物、構築物
- 機械設備、搬運器具
- 工具、器具、備品
- 土地
- 未完工程及預付購置設備款

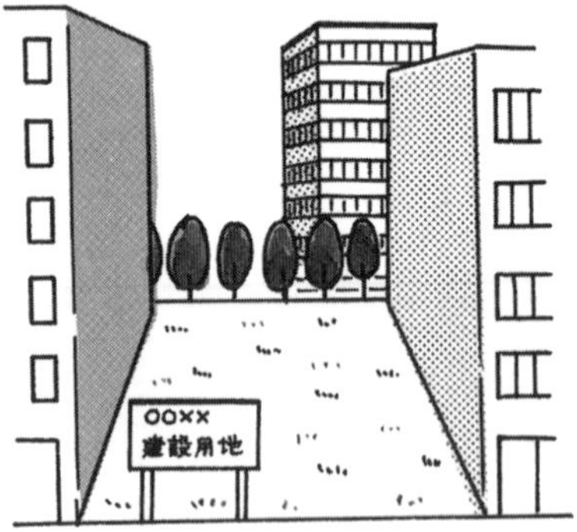

辦公室、店鋪等的用地、停車場、公司所保有的運動場等土地。

為了在建設中、製作中的建築物、構築物所預先支付的金錢。完成之後，即分別列入有形固定資產的會計科目中。

「建築物」是指辦公室、廠房、店鋪、倉庫、員工宿舍等。「構築物」則是指除了固定於土地上的建築物之外的建造物，如橋、牆、廣告塔、隧道、煙囪、下水道等。

「機械裝置」是指製造產品時所使用的設備。機械和裝置很難區分，所以通常採總括表記。

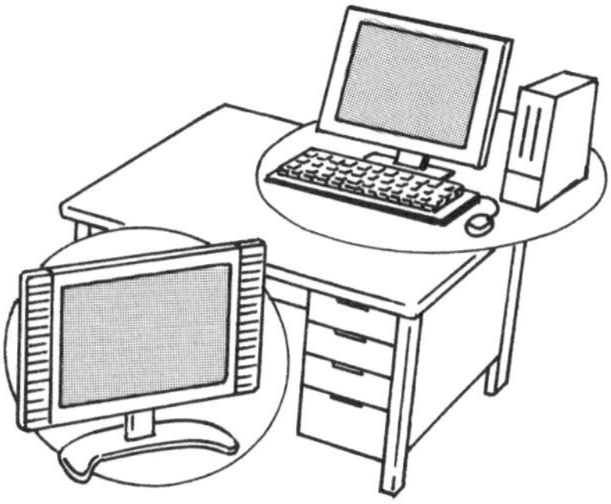

耐用年限在一年以上的工具、桌椅等器具及備品。但是如果是一組不滿十萬日圓的東西，則不能當資產，只能列為費用。

固定資產中的有形固定資產非常容易了解，因為幾乎全都是眼睛看得到的東西。而且大多數都是以長期使用為目的，所以都會折舊。

不過有少數的東西，在取得時被公認為要當作「費用」即時折舊。

COLUMN

普通時是有形固定資產，但會因企業的業種而列入流動資產

對公司而言，眼睛看得見的建築物、土地等，幾乎都是有形固定資產。但是不動產業者（房仲業者）卻把這些建築物、土地等列入流動資產中的商品當中。

因為他們認為這些對本業而言都是一年之內可以售出的重要商品。

資產負債表

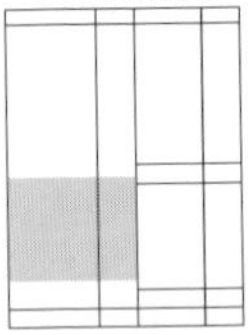

眼睛看不到的資產和高風險資產

詳細認識無形固定資產的會計科目

（無形固定資產）

- 專利權：根據專利法，自己公司的發明可以擁有二十年獨占使用權。
- 營業權：藉由公司優秀的銷售力、從業人員的能力、品牌等獲得利益的能力。又稱商譽。
- 商標權：保護為了和別家公司的產品、商品、服務等做區別而取的名字或圖樣、符號等的權利。
- 軟體：讓電腦可以運作的程式。例如word、excel等就稱為軟體。

其他還有借地權、漁業權、電話加入權等。

以長期使用為目的，而且長期保有的「無形」資產，就叫無形固定資產（Intangible Assets）。

無形固定資產和有形固定資產正好相反，指的是眼睛看不見的、法律上的權利。

雖然眼睛看不見的東西難了解，但是無形固定資產中，也有些像商標權等會折舊的資產。

西紋
只要看這個暖簾，就是美酒佳餚的保證。

詳細認識投資等其他資產的會計科目

（投資等其他資產）

投資有價證券：是指有價證券中以長期保有為目的，及以短期保有為目的之未上市上櫃公司股票等未具市場性的有價證券。

子公司股票：母公司所擁有的子公司的股票。如果一個公司擁有某一個公司過半數的股份，某公司就是這個公司的子公司。

長期應收款：一種借貸款。借貸期間在一年以上。

長期預付費用：比支付期限早一年以上先支付的費用。

擁有子公司的責任

擁有子公司的公司，理所當然要對這個子公司負責。因此，如果子公司的經營惡化，就必須追加投資或者承接損失。所以看財報的時候，務必要關心子公司的業績。

凡無法歸屬於有形固定資產、無形固定資產的固定資產都稱為投資等其他投資。也就是長期以投資為目的所保有的資產。

例如，投資有價證券、支付期限超過一年的長期預付費用等。

POINT3

有價證券以目的來區分

如果要把股票、債券等有價證券列在財務報表當中時，必須要先知道公司為什麼要擁有這些證券。因為這些有價證券是以目的來區分的。

以保有目的來區分

（資產部分）	
Ⅰ **流動資產**	○○○
現金及存款	○○○
應收票據	○○○
應收帳款	○○○
有價證券	○○○
存貨	○○○
其他流動資產	○○○
備抵呆帳	△○○○
Ⅱ **固定資產**	○○○
（有形固定資產）	○○○
建築物、構築物	○○○
機械設備、搬運器具	○○○
工具、器具、備品	○○○
土地	○○○
未完工程及預付購置設備款	○○○
（無形固定資產）	○○○
專利權	○○○
營業權	○○○
商標權	○○○
軟體	○○○
其他無形固定資產	○○○
（投資等其他資產）	○○○
投資有價證券	○○○
子公司股票	○○○
長期應收款	○○○

①以短期買賣為目的。一年以內賣掉或者是等期滿的有價證券。
➔流動資產

②以業務合作為目的的股票、期待長期保有並能漲價的股票。
➔固定資產

③自家公司旗下集團公司的股票。
➔固定資產

流動資產和固定資產中都有有價證券這個科目。之所以會分別列入不一樣的欄位，就是因為目的不同。

何謂有價證券

表示擁有財產權利的印刷品。現金（紙幣）在紙上印上金額表示財產。但是，有價證券所表示的是取代金額的某些財產的內容。最具代表的就是股票和債券。

股票、債券所表示的並不是具體的金額。因此，擁有有價證券的時候，到底該如何換算以列在財報上就是問題所在。換算的方法有兩種。一種是根據取得時的價格來評價的「原價法」，一種是根據現在市場的價格來評價的「時價法」。

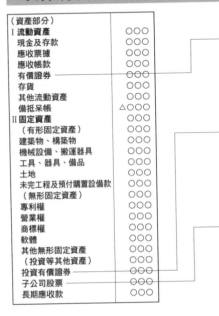

有價證券的評價

有價證券大多用時價法來換算。但是沒有時價可查，也就是不具有市場價格的證券就只能用原價法了。

以目的分類		評價基準
有價證券	**以買賣為目的** 期待靠時價變動獲利而保有的有價證券。	時價
	以滿期為目的 公司債等，在期滿前保有的有價證券。	攤銷成本＊
	以擁有子公司、相關企業的股份為目的 為了管理、影響子公司、相關企業而保有的有價證券。	原價
	其他有價證券 除了上述之外的有價證券。	時價

株式コーナー
是初芝的股票啊！這可是績優股。十萬股的話，明天一開盤五分鐘之內就可以賣掉了。

資產負債表

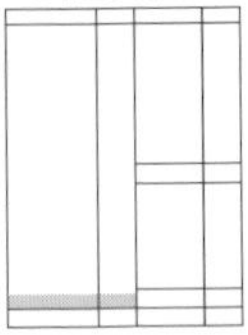

沒有價值卻被視為資產的遞延資產

詳細認識遞延資產的七個會計科目

Ⅲ遞延資產

創立費
進行公司登記時的各種費用等等。把設立公司的費用當作資產處理時所使用的會計科目。

開發費
把為開發新的技術、開拓新的市場所使用的費用當作資產處理時所使用的的會計科目。

新股發行費
把為發行新股所使用的費用當作資產處理時所使用的會計科目。

建設利息
把公司創立後卻未能開業兩年時，分配給股東的紅利當作資產處理時所使用的會計科目。

開業費
把公司設立後至開業前所使用的費用當作資產處理時所使用的會計科目。

公司債發行價差
把抵補再次發行公司債時，債券面額和發行價格之間的差額費用當作資產處理時所使用的會計科目。

公司債發行費
把為發行公司債所使用的費用當作資產處理時所使用的會計科目。

遞延資產和預付費用一樣，就是把會對下期決算有影響的費用在本期先支付。
但是，相對於遞延資產能夠在本期決算之前就能夠看到結果，預付費用則是必須要到下期決算之後才可以享受到應享的財貨或勞務。

遞延資產非財產

遞延資產的條件

因為已經付費了，所以最後不管是以何種方式承接結果，都可期待其效果會影響公司的未來。

非財產的理由

不像有價證券、房屋一樣可以賣了變現。也不能像預付費用一樣，要求在下期提供服務。

易言之

沒有財產價值

但是

可以考慮是為未來財產所支出的費用。

Q 在資產負債表上找不到遞延資產這個科目。

A 遞延資產可以說是在獲得效果之前的「預估資產」，所以如果大量列入計算，財報會有不夠透明之虞。因此，大部分的公司為了確保信用，不會把這些花費列入遞延資產，而是當作費用處理。

在資產部分最後登場就是遞延資產。遞延資產和有形固定資產、無形固定資產不一樣，是一種沒有金錢價值、沒有權利的資產。

為成立公司、開發商品所付出的費用等，因為已經獲得了和對價相抵的服務，所以不具變現的價值。

為了開發新產品而投入大量的時間和費用，結果卻遭遇挫折的個案時有所聞。所以類似這種明知有風險，卻預估「將來會有用途」而投入的開發費用，公司就會把它們當成遞延資產的記下來。

因為以費用處理的項目本來就可以當作資產列示，所以要小心遞延資產金額很大的公司會把盈利多計算一些。

資產負債表

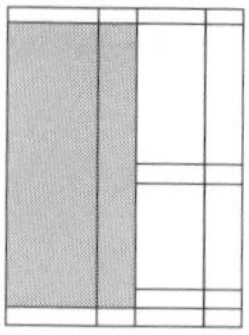

資產中唯一負數的項目就是備抵呆帳

估算回收有疑慮的金錢債權

備抵呆帳
預估在決算日當天應收票據、應收帳款、呆帳等的壞帳金額，列入費用計算。從流動資產預估的金額和從固定資產預估的金額，要分開列入計算。如果在現實狀況中，已確定不良債權是無法回收的，呆帳的損失就要明確記入損益表當中。

（資產部分）	
Ⅰ流動資產	○○○
現金及存款	○○○
應收票據	○○○
應收帳款	○○○
有價證券	○○○
存貨	○○○
其他流動資產	○○○
備抵呆帳	△○○○
Ⅱ固定資產	○○○
（有形固定資產）	○○○
建築物、構築物	○○○
機械設備、搬運器具	○○○
工具、器具、備品	○○○
土地	○○○
未完工程及預付購置設備款	○○○
（無形固定資產）	○○○
專利權	○○○
營業權	○○○
商標權	○○○
軟體	○○○
其他無形固定資產	○○○
（投資等其他資產）	○○○
投資有價證券	○○○
子公司股票	○○○
長期應收款	○○○
長期預付費用	○○○
備抵呆帳	△○○○
Ⅲ遞延資產	○○○

資產中除了現金和物品之外，還有應收票據、應收帳款、呆帳等金錢債權。金錢債權如果平安收回，當然就沒有問題，但是在現實當中，並不是所有的金錢債權百分之百都可以收回。

金錢債權
應收帳款、應收票據、長期應收借（貸）款等，表示將來可以回收權利的會計科目總稱。

金錢債權分為兩種

金錢債權

- **一般債權**：回收沒有問題的債權 → 可用過去幾年呆帳的比率來預估。
- **有呆帳疑慮的債權**：債權無法回收的機率相當高。 → 視危險狀況逐一預估。

「○○公司倒閉！」

自己的公司如果和這家○○公司交易，就會蒙受損失。

資產中有應收款項、應收票據。在應收款項、應收票據當中，預定將來會入帳的款項的一部分，因為客戶的倒閉而成了泡影，就叫做呆帳或壞帳。

預先看清這些狀況，在事前預估各公司可能無法回收的金額，就是在資產負債表上畫上△記號，唯一表示負數項目的備抵呆帳。

如果預估的金額非常大就有問題了。不過，因為每家公司預估方法都不相同，所以有的公司雖然備抵呆帳的金額很多，但是公司還是可以紮紮實實地經營。

只有資本雄厚的企業會把備抵呆帳列入計算嗎？

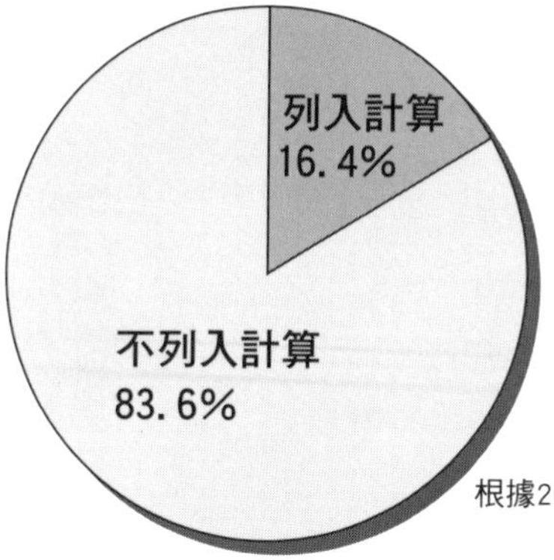
列入計算
16.4%
不列入計算
83.6%

根據2001年日本國稅廳的統計資料

要不要把備抵呆帳列入計算是公司的自由。金額的大小也由公司自行決定。有很多公司是不把呆帳列入計算的。

根據日本國稅廳針對二百五十五萬家法人企業所做的調查，把備抵呆帳列入計算的公司只有四十二萬家。另外，以股東權益來看，規模愈大的公司愈會把呆帳列入計算。

HHK
○○公司倒閉了！
這是債權人蜂擁而上的情形。
整個公司就像是個被搗爛的蜂窩！

詳細認識流動負債的會計科目

資產負債表

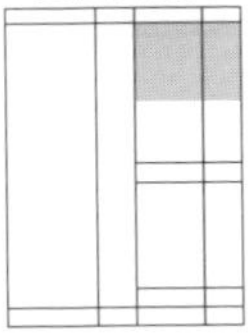

（負債部分）

I 流動負債

應付票據

應付帳款

短期借款

未繳納的法人稅等

預提獎金

其他流動負債

對於已經購入的商品、服務等，在不久的將來有義務支付現金的會計科目。載明何時、從哪家銀行、要支付多少錢的證明書，就叫做應付票據。

已經購入的商品、服務等等當中，尚未支付的貨款。不同於應付票據，應付帳款多為口頭承諾。

來自銀行、客戶等等的借款當中，預定在決算日次日開始一年之入償還的負債。

法人稅、住民稅等，在決算日尚未繳納的金額。

預估預定將來要支付的獎賞（獎金）當中，本期所該負擔的金額。（參照P.56）

其他流動負債包括預收款、未付款、訂金等。

可以了解公司週轉資金的流動負債

所謂負債就是必須支付的借款。主要是用來做為公司的週轉金。依據償還日期又將負債分成流動負債和固定負債。

流動負債的會計科目包括了一年之內必須償還的負債及本業營運中所產生的負債等。

列示的方式是根據流動性配列法（參照P.25），從支付義務性最強的開始由上循序列出來。

必須嚴格遵守支付日期的應付票據，因為具有最嚴格的支付義務，所以一開始就要列出來。而且票據就是支付現金的證明書，一定要載明從哪家銀行付出多少錢等。

支票到期卻籌不出現金叫「空頭支票」，也就是「跳票」。跳票會損及公司的信譽。半年之內如果跳票兩次，銀行將會拒絕往來，讓公司走向倒閉。（譯按：

這次的交易真的經過仔細調查了嗎？
該不會是一開始人家就拿了一張空頭支票塞你的嘴吧？

日本只允許兩次，台灣是三次）

應付票據、應付帳款都有正常的營業循環基準，所以要列入流動負債中計算。所不同的是，應付票據是根據證書（支票）決定其支付義務，而應收帳款則是根據口頭承諾。

短期債款是以一年為基準（參照P.25），所以要列入流動負債計算。所以向銀行、客戶融資來的借款，必須在決算日的次日開始一年之內償還。

Q 何謂有息負債？

A 不同於由商品交易而產生的應付帳款、應付票據，向銀行、投資者籌集而來的錢是要負利息的，這就叫做有息負債。

短期借款、公司債、長期應付款等，都是有息負債。

在現在通膨的情形下，相對於資產價值往下滑，負債價值卻依然不變。倒過來看就是，要償還負債的本金變得沉重了。

背負著有息負債的公司，在高價不斷攀高的時候，一定要謹慎管控負債。

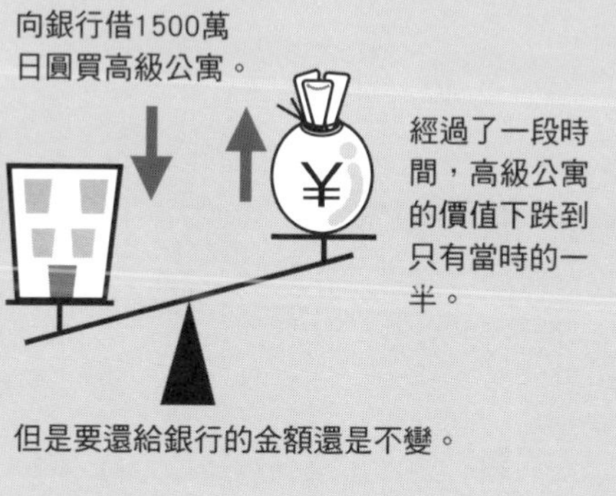
向銀行借1500萬日圓買高級公寓。
¥
經過了一段時間，高級公寓的價值下跌到只有當時的一半。
但是要還給銀行的金額還是不變。

用來購買大型物品的固定負債

詳細認識長期安定型的固定負債會計科目

II 固定負債
應付公司債
長期應付款
應計退休金負債
其他固定負債

應付公司債：就是公司發行一種名為公司債券的債券，廣泛向一般大眾大量籌資時所發生的債務。

長期應付款：向銀行、客戶等借來的款項當中，預定從決算日的次日起超過一年才要償還的金額。

應計退休金負債：預估將來預定要支付的退休金中，本期末之前所要提撥的金額。（參照P.57）

※公司債、長期應付款如果在一年之內就要償還，就以「一年之內預定償還之公司債」及「一年之內預定償還之長期應付款」，列入流動資產欄內計算。

負債遲早都很償還。其中支付義務超過一年的就叫做固定負債。

因為這是一種穩定的負債，所以大都被用來購買高價的設備等。

看上表就知道，屬於固定負債會計科目下的項目非常少。中小型企業的財務報表中，列在固定負債下的項目很多都只有一項長期應付款。

公司債和長期應付款是固定負債的兩個代表項目。

公司債就是明記償還日期及利息之後所發行的有價證券。類似直接向投資者籌集資金時所發行的股票。

另外一種長期應付款，大多數都是借自銀行。

兩者都是借款。不過，優良企業發行公司債，可以用很低的利息來籌資，所以大部分的企業都會發行公司債。從公司債和長期應付款的比率，即可解讀該公司的信用程度。

公司債和長期應付款

公司債

公司
資金

因為直接把來自投資者的資金交給公司，稱為：

直接金融

長期應付款

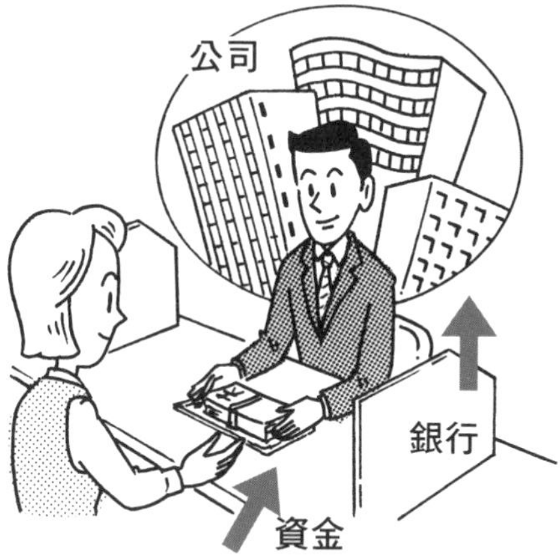

公司
銀行
資金

因為投資者（存戶）是透過銀行把資金交給公司，稱為：

間接金融

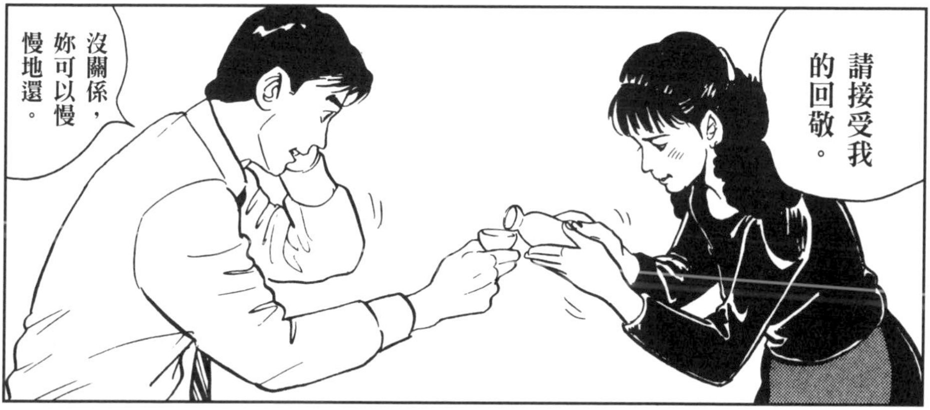

請接受我的回敬。
沒關係，妳可以慢慢地還。

公司債和股票的不同

公司可以發行公司債和股票。出資者雖然同樣都拿錢出來，但是其意義和後續的結果卻是不一樣的。

	股票	公司債
投資者拿出來的錢	等同出資，等同投資	等同借款
還錢	無需償還	錢在一定的時日要還給投資者。
收益上漲	可分紅利	由於利息是固定的，所以不會有變。
收益不佳	沒有紅利	收取固定的利息。

債券——在此只指公司債。事實上，除了公司債之外，還有國家所發行的債券，叫做國債。另外，雖然同樣都是投資，一般出資投資股票的人叫股東，但是出資投資公司債的人，不能叫債主，而要叫投資者或出資者。

固定負債是一種長期又安定的資金。

籌資這種資金最主要的方法就是發行公司債。

公司債就是公司所發行的債券。公司向投資者募集資金，再把「公司債」交給投資人。償還日期一到，公司即連同本金利息一起還給投資者。易言之，公司債就如同公司給投資者的借款證明書。所以就某種意義而言，公司債就像長期應付款。

向投資人集資的方法中，有一種是增加資本的「股票增資」法。就向投資者集資這點來說，這種方法和發行公司債是一樣的。不同的是，以股票方式籌集來的資金可以不還，但是公司債一定要償還。

由於公司對於投資者必須保證償還，所以信用度不夠高的大公

如果期待高報酬，就要對高風險有所覺悟！
證券
野証券
岡田證券

公司債的種類

普通公司債

每年以固定的利率支付利息，到期即償還本金。一般來說利息都高於銀行，但是並不保證最後一定可以拿回本金，所以投資公司債是有風險的。

附認股權證公司債

就是普通公司債和附加認股權利合而為一的公司債。也就是企業增資的時候，擁有承接新股權利的證明書。購買股票時，如果股票上漲，所得到的利潤就會比以公司債付出的金額還要多，但是風險極高。

可轉換公司債

在一定的條件下，投資者可以要求將公司債轉換成股票。在股價上揚的時候，將公司債轉換成股票之後再賣掉，一轉手就可以賺取差額利潤。

司，是不能發行公司債的。評估企業信用度的基準就是「適債基準」。

　但是一九九六年一月，日本信用評等機構即廢除了「適債基準」。承接公司債發行的證券公司，只要認為買家沒有問題，就連之前不能發行公司債的企業，也都可以發行公司債了。

　這對有實力的中小企業而言，即意味著籌集資金變容易了。由於發行公司債可以用比銀行借款更低的利息來籌集資金，所以現在發行公司債的公司愈來愈多了。

POINT4

為大筆支付款項所準備的準備金

除了在資產部分已經說明的備抵呆帳之外，在負債部分也有許多的準備金。所謂準備金就是未雨綢繆為緊急時所統一合算的錢。如果需要大筆的現金時，就要事先先行了解。例如獎金、紅利、退休金等。

（負債部分）

I 流動負債

應付票據

應付帳款

短期借款

未繳納的法人稅等

預提獎金

因為是在一年之內要提出的錢，所以列入流動負債中計算。準備要支付給從業人員當獎金，視同在本期末會發生的金額，是可以預估的，所以要列入計算。

預提獎金的結構

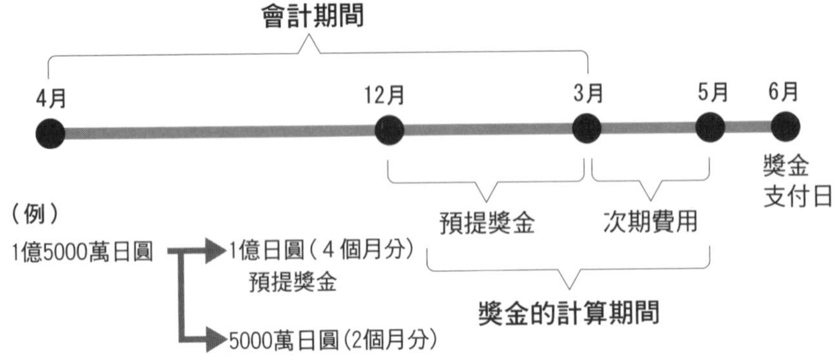

會計期間
4月
12月
3月
5月
6月
獎金
支付日
預提獎金
次期費用
獎金的計算期間
（例）
1億5000萬日圓
1億日圓（4 個月分）
預提獎金
5000萬日圓(2個月分)
次期費用

我的訂婚戒指不知道是他獎金的幾分之幾？

假設某家公司要在6月支付從12月至5月這段時間的獎金。

決算日期是3月31日，預估要支付的獎金金額是一億五千萬日圓。因為核發獎金的計算期間是從12月到5月，所以12月至3月的金額以本期費用列示，剩下的兩個月分的金額則列入次期以後的費用。

以這個例子來說，一億日圓就是本期的費用，列入預提獎金來計算。

Ⅱ **固定負債**

應付公司債

長期應付款

應計退休金負債

其他固定負債

應計退休金負債因為支付期限在一年以上，所以列入固定負債中計算。準備將來給從業人員的退休金，視同在本期末前所發生的金額，是可以預估的，所以要列入計算。

「應計退休金負債」的結構

應計退休金負債和預提獎金的道理是一樣的。隨著年資的增加，預估的計算期間也會加長。

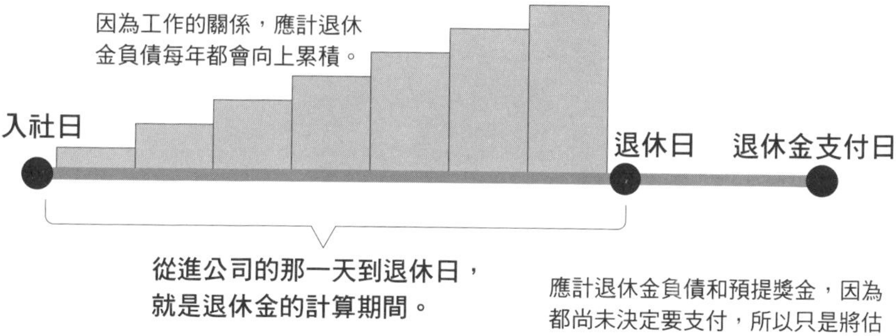
因為工作的關係，應計退休金負債每年都會向上累積。
入社日
退休日
退休金支付日
從進公司的那一天到退休日，就是退休金的計算期間。

應計退休金負債和預提獎金，因為都尚未決定要支付，所以只是將估算的數字列在財報表上。

在勞資雙方談判席上，他對著公司幹部火力全開。
他的驚人氣魄，讓提高工資、夏季獎金、退休金、有給假的天數等要求全數過關。

詳細認識資本（股東權益）的會計科目

資產負債表

資本來自股東的錢及公司所賺的錢

（資本部分）

I 股本 — 公司股東對公司所投入的金額當中，根據商法規定運用的部分就是股本。

II 資本盈餘 — 公司股東對公司所投入的金額當中，未編入股本中的金額叫做資本公積。(參照P.60)。資本公積會明確記載減去股本時的盈餘，及賣掉自己股份時的盈餘。

資本公積

其他資本公積

III 保留盈餘 — 包括公司依法將公司經由營業活動所賺取的收益積存起來的盈餘叫做法定盈餘公積（參照P.60）、公司可以自由任意積存的盈餘叫做特別盈餘公積、預定分配給股東的紅利但是本期尚未處分的盈餘叫做本期未分配之盈餘或未提存保留盈餘。

法定盈餘公積

特別盈餘公積

本期未分配之盈餘

IV 庫藏股

資本就是公司的總資產（財產）減除總負債（公司的借款）之後的純財產。因此又稱為自己的資本。

資本分成「股本」和「盈餘」兩部分。

開始成立公司一定要有「股本」。把經由投資者等籌集來的金錢做為事業的資金，公司就可以起步了。股本是為經營公司籌集資金的手段，所以也可以說是一種借款。

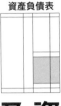

但是股本不同於向銀行借來的錢，只有公司還存在，就沒有必要償還。但是，當公司賺錢的時候，就要以分配紅利的方式還給股東。

總之，在出資者退股之前，股本是沒有必要還給出資者的。換句話說，從出資者處籌集的股本資金，只要公司不增資、不減

「保留盈餘」就是公司的盈利

公司成立時

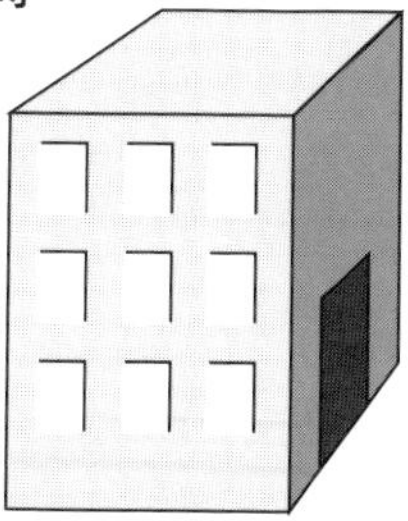

資本金
1000萬日圓

財報上的資本部分，只會記載「股本」。因為公司還沒有賺錢，所以不會有「保留盈餘」這個項目。

揮汗拼業績，
賺進大筆錢。

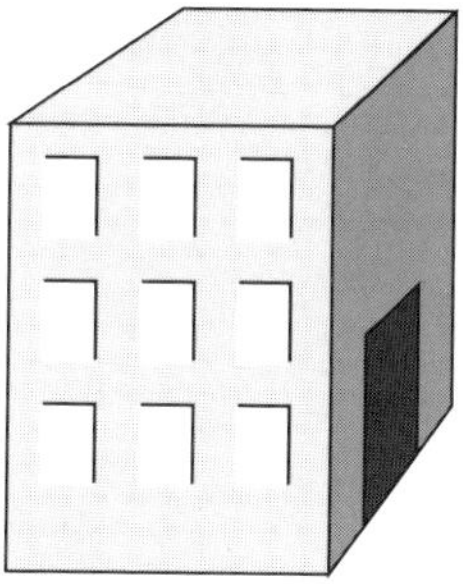

1年後

第一期的決算

股本	1000萬日圓
保留盈餘	200萬日圓

股份有限公司和有限公司的不同

依照商法規定，成立公司時，相對於股份有限公司的最低資本額是1千萬日圓，有限公司是300萬日圓。
但是，日本自「中小企業挑戰支援法」實施之後，在2003年2月至2008年3月中，資本額只要有1日圓，就可以成立股份有限公司或有限公司了。

資，均能夠保有一定的金額。

「盈餘」包括未列入股本中的「資本盈餘」和由公司所賺取的收益所產生的「法定盈餘」。

給出資者的紅利及董事的獎金，即由法定盈餘來提供。

COLUMN

自己的股票是什麼意思？

在股東權益部分的最後，還有一個自己的股票，這是指公司本身的股票。

以前規定購買自己公司的股票時，公司要把資金退還給出資者，以免公司的資產會蒙受危險。但是，二〇〇一年商法修正之後就沒有這個限制了。所以財務狀況寬鬆的企業為了控制紅利的分配，會從市場上買公司已經發行出去的股票。這種股票別名「庫藏股」（Treasury stock）。

資產負債表

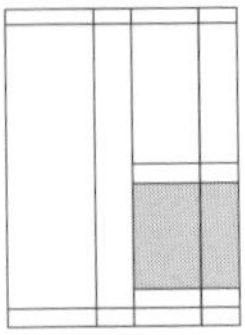

按照公司法規定，為防萬一所準備的「準備金」

詳細認識法定準備金的兩個會計科目

（資本部分）

I **股本**

II **資本盈餘**

資本公積

其他資本公積

III **保留盈餘**

法定盈餘公積

特別盈餘公積

本期未分配之盈餘

資本公積：法定準備金的一種。股東出資的錢當中，有一部分未納入股本中的錢。

法定盈餘公積：法定準備金的一種。分派年度盈餘時，強制提存百分之十的金額。這些錢就叫做法定公積或者是法定盈餘公積。

為保護股東及交易客戶，根據公司法規定，公司出現虧損時，原則上禁止侵蝕股本。所以企業一定要預先準備法定準備金。

資本和股本的不同

和財務報表一樣，資本也是一種廣義的概念，股本即包括在其中。公司運用手邊的股本賺取利潤，而且一直保留未分配即為保留盈餘。所以資本就是股本和盈餘的合計。如果公司出現虧損沒有盈餘，就以負數來表示。如此一來，資本就會少於股本。

股本和盈餘雖然都是公司的錢，但是全都不可以任意使用。根據公司法（日本稱商法）規定，公司有義務準備某程度的錢以備不時之需。這些錢就是法定準備金（legal reserve）。

法定準備金又分成「資本公積」（Capital reserve）及「法定公積」（Legal reserve of retained earnings）。

資本公積就是未把出資者的資金編入股本中而儲存下來的錢。根據商法的嚴格規定，公司虧損時，原則上禁止「減資」，也就是禁止公司削減股本。資本公債就是為防萬一所準備的錢。

法定公積和資本公積一樣，所有的盈餘公司都不得任意使用。所以兩者都是為未雨綢繆所列示的會計科目。

認識法定準備金的結構

根據公司法所規定的準備金包括了資本公積和法定公積。但是這兩種公積的出處是不一樣的。

股本

假設一股面額五萬日圓的股票，現在時價值八萬日圓，而新股東就是以八萬日圓買下股票。這個時候，公司就必須把面額和時價的差額利益（收支相抵的盈餘）納入資本公積中。

盈餘

公司必須將流出公司外部金額中的百分之十儲存下來。假設給股東的紅利是100萬日圓，給股東的獎金是50萬日圓，法定公積就是15萬日圓。但是累積的金額以股本的的1/4為上限。比例高於1/4的盈餘就叫做特別盈餘公積。

3萬日圓 → **資本公積**

資本公積就是來自出資者，卻未編入股本中的錢。

15萬日圓 → **法定公積**

法定公積就是從公司成立時到現在所賺得的盈利積蓄。

＝ **以備不時之需**

COLUMN

股票獲取利益的結構

只要擁有股票就會產生利潤。當公司的業績上揚時，理所當然可以分紅。但是，當公司的業績下滑時，不但沒有紅利可拿，還有可能因為公司倒閉，而讓手中的股票變成壁紙。

除了錢之外，股票還可以分得股票。例如，擁有一千股的人，可以免費分得一百股的股票。這叫做「配股」。

另外，賣掉股票也可以獲利。只要賣掉的價格高於買的價格，差額就是利益。

因買賣有價證券所獲得的利益叫資本利得(Capital gain)，損失則為資本損失（Capital loss）。

可以信任會計方針和附註事項充實的公司

「重要的會計方針」中的四個重要方針

固定資產的折舊

財報中是否記載了是用直線法還是定率餘額遞減法來估算折舊。（參照P.38）

盤存資產的評價基準和評價方法

財報中是否記載了是用先進先出法還是後進先出法等等評價庫存的方法。(參照P.34)

一些特別準備金的列入計算

財報中是否把備抵呆帳、預提獎金、應計退休金負債等等都列入計算。財報中是否記載了估算備抵呆帳的方法等。(參照P.48、P.56)

消費稅的會計處理

財報中是否記載了是用含稅還是不含稅的方法對消費稅做了會計上的處理。

以上這四個會計方針會因公司業種、環境的不同而有不同。另外，如果要把遞延資產列入計算的話，財報上也必須要明確寫出處理的方針。

想要從資產負債表、損益表解讀正確的經營成績，務必要留意公司所採用的會計處理原則和表示方法。

此一原則就是「重要的會計方針」。

譬如折舊的估算方法。公司可以選擇用直線法，也可以選擇用定率餘額遞減法。但是，這兩種方法所算出來的數字是不同的，所以公司一定要明確選擇，決定要使用哪一種方法來估算折舊。

另外，還要留心補充財報的附註事項（參照左上）。

附註事項、重要的會計方針都可以讓我們從財報中解讀到更詳盡的經營內容，所以是非常重要的資訊。

用重要的會計方針和注釋事項牢牢捍衛財務報表

附註事項可以讓我們更清楚資產負債表的內容。看資產負債表的數字時，如果發覺有異常的項目，就查看一下附註事項。

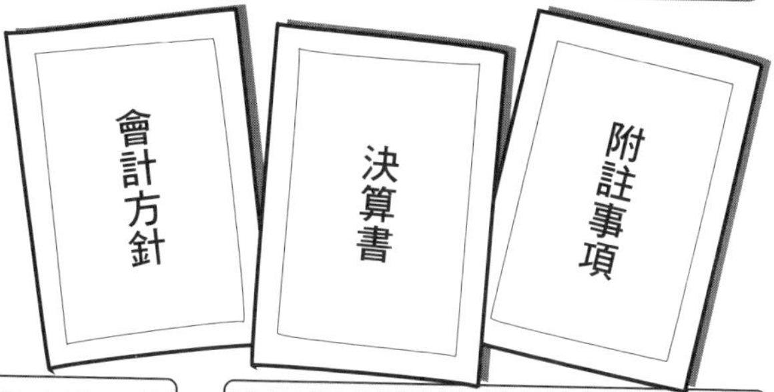

「商法」中資產負債表的附註事項

關於子公司的金錢債權・債務

關於股東的金錢債權・債務

關於董事等的金錢債權・債務

有形固定資產的折舊累計金額

靠租借使用的固定資產

抵押的資產

保證債務

「證券交易法」中資產負債表的附註事項

和抵押的資產對應的債務

股票發行總數

關係企業的債權及債務中，有超過資產總額百分之一的科目

COLUMN

決算後所發生的「後續事件」，千萬不可掉以輕心！

股東及利害相關人等，最快可以在決算日起一個月後拿到各種財報。如果是大公司，一般是在二個多月之後。

在這段時間內，也就是從財報編製完成之後到公告這段期間內，或許就發生了足以撼動公司經營的事件。這種事件，稱為「後續事件」。

例如辦公室、廠房因災受損、公司和其他公司合併、主要交易客戶倒閉等，都是後續事件。

這些會影響次期經營成績的事件，都必須視為「後續事件」附註在財務報表當中。

有了這些附註，股東、利害相關人等才能夠正確判斷公司的狀態。

呼～

第3章

損益表

公司的氣勢由「獲利」來決定

損益表就是顯示公司在會計期間賺了多少錢的財務報表。
從賺了多少錢就可以看到公司的氣勢。氣勢就是公司的成長力。

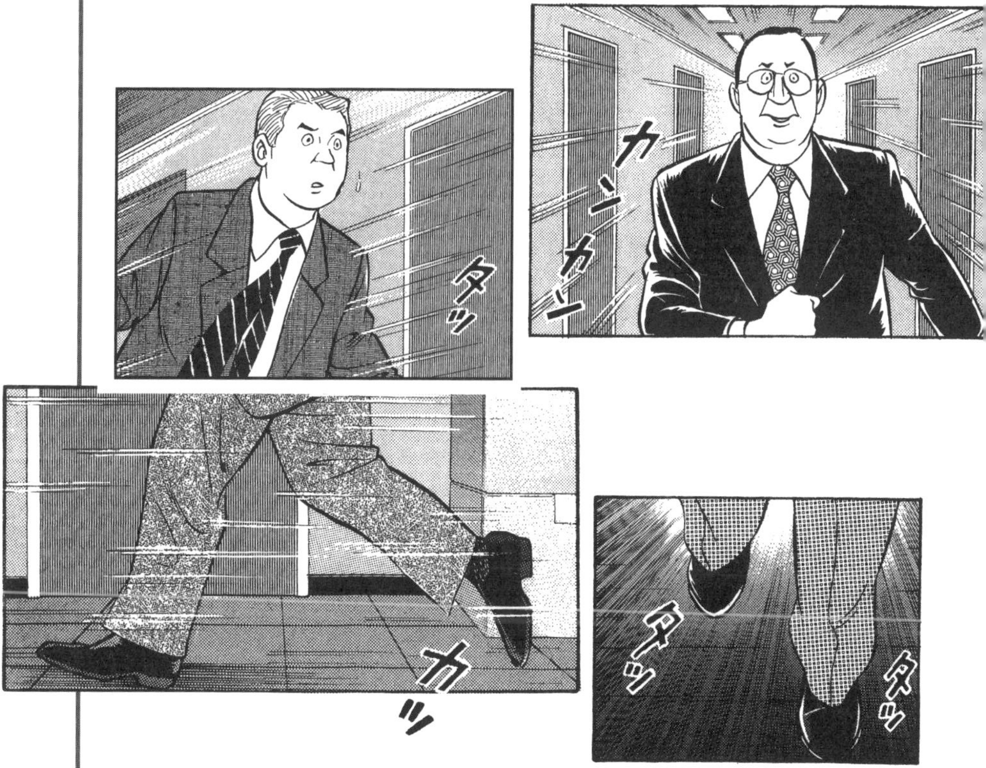

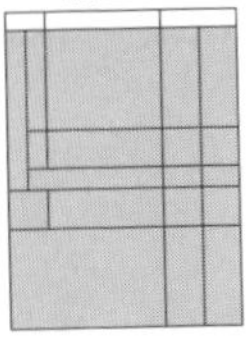

首先，要分成「經常獲利」及「特別獲利」

首先，先大致區分成兩塊，再將其中一塊區分成兩部分

先把損益表的構造分成經常損益和特別損益兩個部分，損益即損失(利損)和利益(利得)。接著再將特別損益的部分，分成公司本業和副業，看看是哪一邊為公司賺了錢。

自○○年○月○日至○○年○月○日，就是可以確認這段期公司的損益狀況。

損益計算書
自○○年○月○日
至○○年○月○日
（單位：百萬日圓）

		科目	金額	
經常損益部分	營業損益部分	銷貨淨額		○○
		銷貨成本		○○
		銷貨毛利		○○
		行銷費用及一般管理費		○○
		營業利益		○○
	營業外損益部分	營業外收益	○○○	○○
		營業外費用	○○○	○○
		經常利益		○○
特別損益部分		特別利益		○○
		特別損失		○○
		本期稅前淨利		○○
		法人稅、居民稅及事業稅		○○
		法人稅等調整額		○○
		本期淨利		○○
		前期結轉餘額		○○
		本期未分配之盈餘		○○

特別損益部分
只限於本期發生的特別損益及修正前期之前所發生的損益。例如遭遇意外的災害影響等。

相對於資產負債表是表示公司在決算日那天的「財產」的財報表，損益表則表示從前決算日次日起自本期決算日當天這段期間的「獲利」。

損益表的標題之下，會明確寫清楚這段期間是「自～至～」。這段期間通常是一年。不過大型公司的決算，有採半年制，也有採四季制的，看的時候要留意。看錯了期間，就無法做正確的判斷了。

損益表會把銷貨淨額至本期淨利，由上至下全部列出，所以只要由上至下看一遍就能了解。

其中，最重要的是要了解五種「獲利」之間的不同。在這之前，首先要先將獲利分成「經常獲利（正常獲利）」和「特別獲利（非常獲利）」。

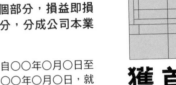

COLUMN

費用與收益的對應原則

編製損益表時要遵守「費用與收益的對應原則」。

也就是說，為提高某收益所投入的費用，會列入和把該收益列入計算的會計期間相同的會計期間計算（費用和收益都會列入同一會計期間計算），所以費用和收益必須對應。

就以等同收益的銷貨淨額和為銷貨所投入的費用，也就是銷貨成本為例。如果把和下期銷貨淨額有關的銷貨成本列入本期計算，或者是把和本期銷貨淨額有關的銷貨成本延到下期計算的話，收益和費用在這個期間內就無法保持平衡了。

換句話說，這個原則就是在本期及下期之間畫清一條界線，本期的「收益與費用」就在本期列入計算。要編製正確的損益表，就必須要遵守這個原則。

經常損益部分

每期會發生的正常損益。也就是公司來自日常營業活動中的獲利。可分為營業損益及營業外損益兩個部分思考。

營業損益部分

公司本來的營業活動所產成的損益。代表公司經營本業的績效。

營業外損益部分

是指非主要營業活動之附屬業務所產生的收益及費用。例如存款的利息收入、租金收入等。雖然每年都照常收息收租，但是不能記為公司的本業。

如果三月三十一日決算，收益和費用都在三月三十一日結帳。

損益表

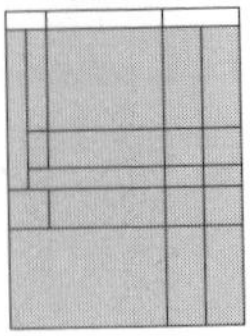

進攻損益表的三、五、五分類

三個收益、五個費用、五個利益

分成三、五、五循序計算，就可以了解損益表。

收益 － 費用 ＝ 利益

基本算式

銷貨淨額 － 銷貨成本 ＝ 銷貨毛利

→ － 行銷費用及一般管理費用 ＝ 營業利益

→ ＋ 營業外收益 － 營業外費用 ＝ 經常利益

→ ＋ 特別利益 － 特別損失 ＝ 本期稅前純益

→ － 法人稅、居民稅及事業稅 ＝ 本期純益

看得懂損益表的最大關鍵，就是要知道五種「獲利」。

看損益表，首先要將損益表分成「營業損益」「營業外損益」「特別損益」三個部分，然後再分別列出收益和費用。把收益減去費用算出利益。再把利益，也就是再把獲利的狀況分成五個部分。

所以三、三、五的意思就是，三個收益、五個費用、五個利益。

五個利益各有不同的個性。如果能夠了解它們的不同點，要進攻損益表就易如反掌。

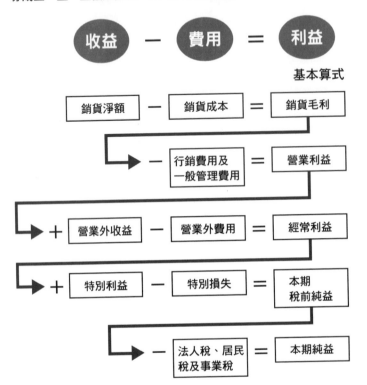

將收益和費用分類

收益

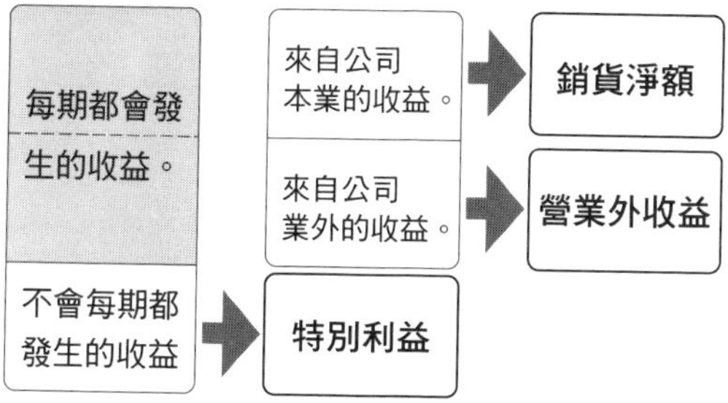

「每期都會發生」「公司的本業」是分類的關鍵。

費用

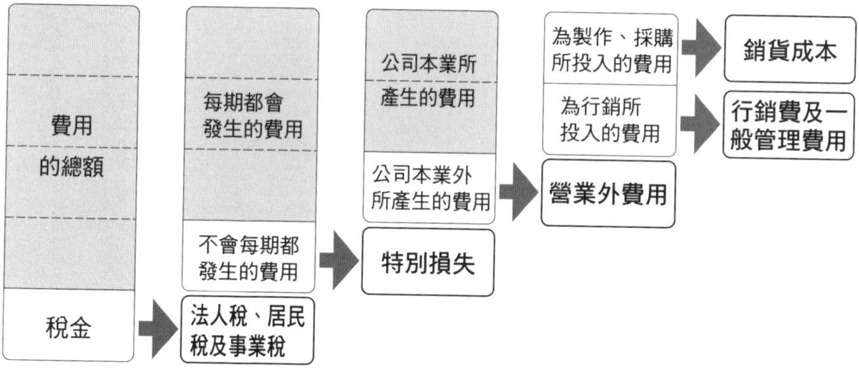

COLUMN

「收益」和「收入」、「費用」和「支出」的不同之處

商場上常聽到「是有賺錢，但現金流量不足」，這句話吧！就是因為收益和收入、費用和支出不相同，才會衍生出這句話。在信用交易中拿到的應收票據是收益不是收入。收益只是指銷貨，所以此時的應收票據是收益。

收入的著眼點是在判斷金錢的增減。也就是說，以現金回收了應收票據之後，就是收入了。所以大家要先有收益不等於收入的概念。

費用和支出也一樣，在信用交易時開立應付票據，是費用不是支出。這也是因為支出的判斷基準在於金錢上的增減。

損益表

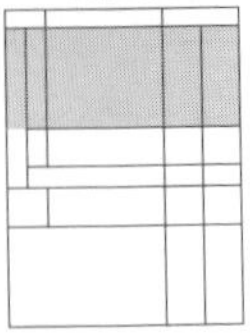

第一個靠本業所賺到的錢

無銷貨淨額即無損益

銷貨淨額是五個利益的來源，是靠公司本業所賺來的錢。

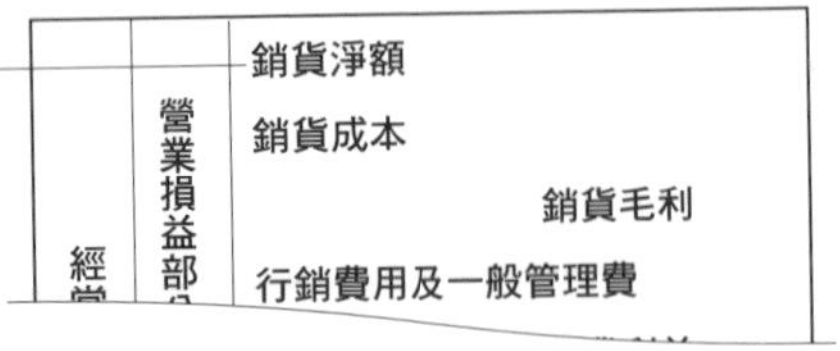
經常
營業損益部分
銷貨淨額
銷貨成本
銷貨毛利
行銷費用及一般管理費

靠販賣商品、產品、提供服務等公司主要的營業活動所產生的收益。

意味銷貨淨額的表記方式，在服務業是營業收益、銀行則是經常收益。

Q 銷貨收入和利益，何者重要？

A 在現實中，如果銷貨收入增加但手邊卻沒有錢，一點意義也沒有。因為最後會剩下的是本期純利，所以希望大家多留心利益上的數字。

但是仔想想想，本期純利是在本業之外才可以操作的數字。例如，減去費用，利得就可以增加。這種做法不能長久，利益遲早都會慢慢減少的。

所以對於公司的永續經營而言，靠公司本業掙來的銷貨淨額還是最重要的。易言之，公司未來要有發展，一定要讓利益的根本——銷貨淨額不斷成長。

公司要成長，銷貨淨額一定要增加，所以銷貨淨額是非常受到注目的會計科目。

銷貨淨額是公司靠本業所賺得的金額合計。所以以製造業為主要業務的公司，賣掉不動產之後所獲得的利益，不能列入銷貨淨額當中。另外，銷貨淨額所表示的金額，是未扣除成本、稅金等等，而且是在那段期間中所賺取的金額。

關於銷貨淨額，最重要就是要知道將銷貨收入列入計算的時機。

例如，我們去市場時，在現場就拿到了錢，這就是銷貨收入但是公司之間以應收票據做交易，雖然沒有收到錢，仍列入銷貨收入中計算。

Q 何時認列銷貨淨額？以下四選一。

1 接到訂單時

2 出貨時

3 寄發帳單時

4 收到貨款時

A 答案是2。

在2的時間點認列是為「實現基礎」。包括銷貨淨額在內的三個收益，以實現基礎認列叫會計基礎。

有了紮實的會計基礎，才能夠和其他公司比較銷貨淨額。

順便一提，在1的時間點認列是為「權責發生基礎，或應計基礎」，在4的時間點認列是「現金基礎」，而在3的時間點列入計算就只是單純的事務作業。

收益是實現基礎，費用是權責發生基礎

認列收益的規則是實現基礎。在損益表上還有一種認列費用的權責發生基礎。也就是如同出貨後貨款未入帳之前就列入銷貨淨額計算一樣，就算進貨後以後再付現金，也把這筆貨款當作費用列入未支付款項中計算。（譯註：簡單說就是，權責發生基礎就是只問事實發生與否，不論收現或付現只看是否發生，如果尚未實現，收到現金當預收，付出現金當預付。）另外，一切都以現金支出為基礎進行認列叫現金基礎（譯註：收到現金當收入，付出現金當費用）。

※確實性、客觀性——如1，接到訂單時不能認列為銷貨。因為如果採用的原則是發生主義，即表示在接到訂單的階段，公司有可能無庫存無法供貨，對方也可能會取消訂單。

COLUMN

銷貨淨額和應收帳款之間的密切關係

公司都會想增加銷貨淨額，所以就會調整價格。倉庫裡有一堆貨，如果賣得不錯就調漲價格，如果賣的不好就調降價格。

另外，在應收帳款上多費點心思增加應收帳款也是方法之一。例如，放寬客戶支付貨款的條件。通常這個月的貨款要在下個月月底入帳，此時就可以讓客戶延到半年後再付款。客戶在這個條件的吸引下就會進更多的貨。如此一來，銷貨淨額就會有成長。

但是看資產負債表時，我們也會很擔心看到應收帳款比以前增加了好幾倍。因為公司有過多的銷貨債權就有倒閉之虞。因此，看到銷貨淨額突然爆增時，一定要去了解內幕。

花在進貨的錢、花在製造的錢

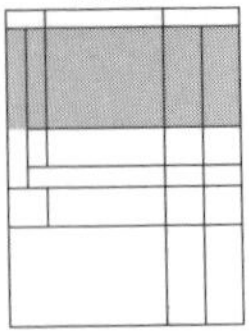
損益表

只和已銷售的商品數量對應的銷貨成本

已銷售商品在購買時所發生的直接成本及間接成本就是銷貨成本。賣剩下的商品則列入資產負債表的盤存資產科目計算。

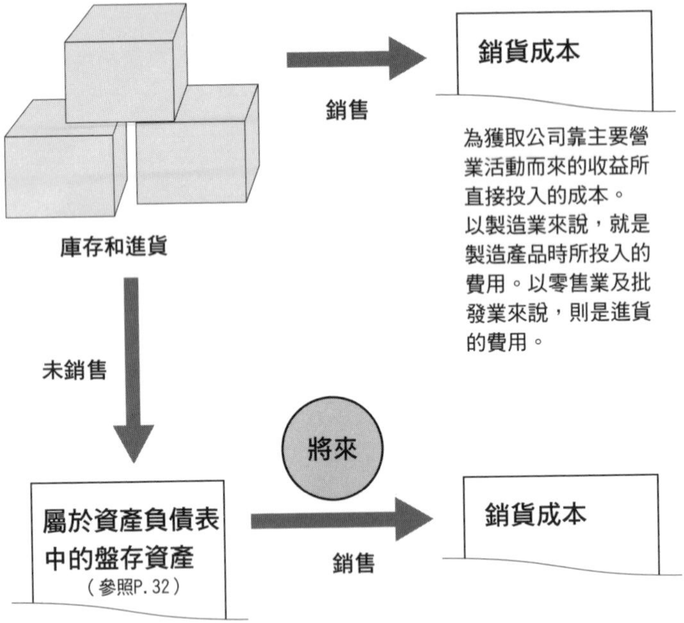

庫存和進貨
銷售
銷貨成本
為獲取公司靠主要營業活動而來的收益所直接投入的成本。
以製造業來說，就是製造產品時所投入的費用。以零售業及批發業來說，則是進貨的費用。
未銷售
將來
屬於資產負債表中的盤存資產
（參照P. 32）
銷售
銷貨成本

銷貨成本就是採購商品、製造產品時所花的錢。

希望大家先記住一件事。那就是銷貨成本並不是花在採購、製造上的所有費用。事實上，銷貨成本的對象只是鎖定已經銷售的商品。庫存商品、產品等都不能列入銷貨成本中計算。

要計算銷貨淨額，只要把銷貨傳票一張張拿來統計就可以了。但是，要用這種方式計算銷貨成本就有困難了。所以得應用算式來計算（參照左頁上圖）。

計算時最重要的就是，不要忘了把從會計期間一開始就躺在倉庫裡的庫存也列入計算式中。

銷貨成本的計算方法

不光是本期的進貨，上一期就存在的庫存也算是本期的商品。仔細盤點期初的存貨。不要忘了已經有的庫存。

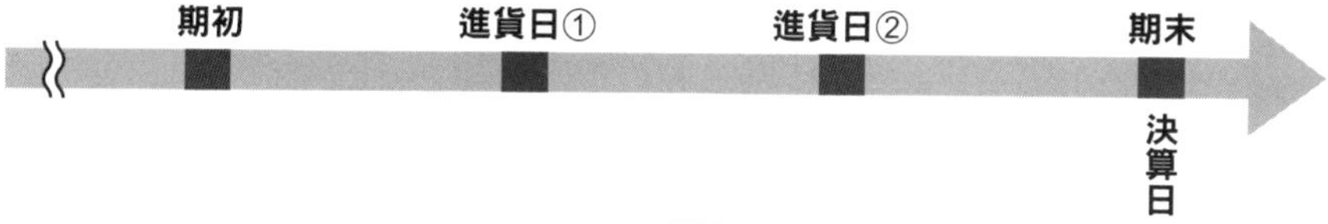

期初存貨成本
＋）本期進貨成本（進貨①＋進貨②）
－）期末存貨成本

銷貨成本

例

假設以一瓶1500日圓賣掉5瓶以進貨價格一瓶1000日圓的酒。

期初庫存1瓶、進貨日①的3瓶、進貨日②的3瓶

銷貨淨額＝1500日圓×5瓶＝7500日圓

銷貨成本＝1瓶×1000日圓＋6瓶×1000日圓－2瓶×1000日圓＝5000日圓

（1瓶×1000日圓：期初存貨成本；6瓶×1000日圓：本期進貨成本；2瓶×1000日圓：期末存貨成本）

COLUMN

粉飾決算和逆粉飾決算

不仔細確認期末的庫存，就無法算出正確的銷貨成本。庫存數字有一丁點錯，就會嚴重影響公司的利得。

所以有人就會故意惡搞。

虛列庫存，降低銷貨成本，財報上的盈利就會比實際的數字多，這叫粉飾決算（窗飾財報，window dressing）。業績不佳的公司為了搏取銀行、股東對公司的信任會這麼做。

反之，讓公司盈利比實際少，就叫做「逆粉飾決算」（逆窗飾財報）。

以多報少，為的就是逃稅。業績好的公司才會這麼做。

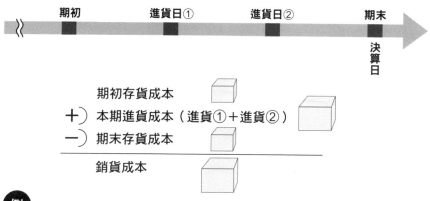

損益表

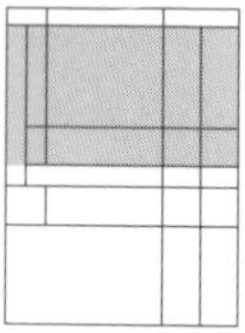

商品、產品的魅力會表現在毛利上

五個利益當中，最基礎的銷貨毛利

可以知道靠公司本業所經手的商品、產品賺了多少錢，所以必須要知道前頁說明的銷貨淨額及銷貨成本。

自銷售商品、產品所獲得的銷貨淨額中，減除進貨費用、製造費用等銷貨成本後的餘額，稱為毛利，英文是「Margin」。

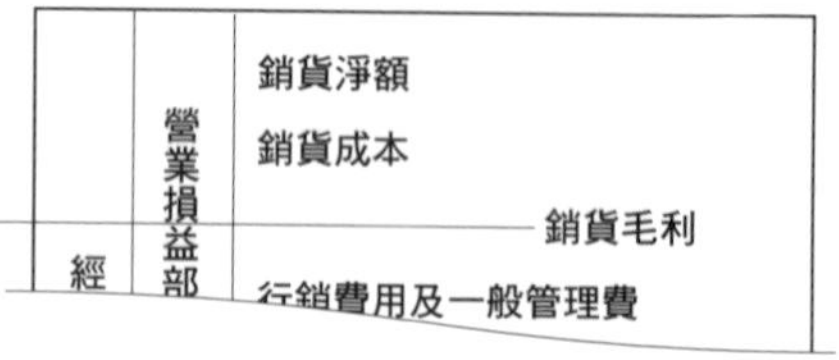

計算銷貨毛利的公式

銷貨淨額減去銷貨成本

銷貨淨額	
銷貨毛利	銷貨成本

↓

銷貨毛利 ＝ 銷貨淨額 － 銷貨成本

復習

銷貨成本 ＝ 期初商品（產品）存貨成本 ＋ 本期進貨成本（本期產品的製造成本） － 期末商品（產品）存貨成本

（參照P.72）

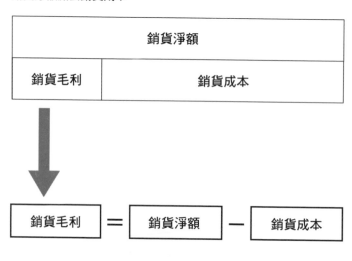

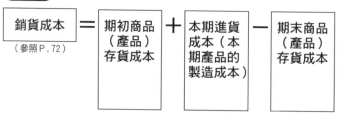

店裡面的平均毛利是多少？
大概是二成。
這麼少……折扣還打得真猛！

Q 為什麼銷貨毛利比前期少？

A 首先，先看看財報上的銷貨成本是不是比上一期高。

假設之前的進貨價格是一百日圓，而這期是一百二十日圓的話，銷貨毛利理所當然就變少了。還有一種情形就是進貨價格沒變，但是進貨數量增加了。這種情形也會降低銷貨毛利。因此看財報時，也必須要看一看進貨數量。

如果要和別家公司做比較的話，就要準備同一會計期間內的財務報表，比較雙方的進貨金額及進貨數量是否有什麼不同。

損益表上最先看到的收益是「銷貨淨額」，費用則是「銷貨成本」。銷貨淨額減除銷貨成本的餘額，就是第一筆獲利，也就是「銷貨毛利」。

一般我們都稱銷貨毛利為「粗利益」。

粗利益就是減除人事費用、廣告費用等之前的利潤。也就是產品、商品本身的價值所產生的利潤。

擁有自有品牌產品及來自特殊路線的商品的公司粗利最好。所以粗利可以說是解讀公司商品力、產品魅力的一種基準。

和同業種做比較時，如果銷貨淨額一樣，但是粗利卻比較高的話，就表示該公司的營業活動比較有魅力。

為銷售、管理所花費的費用

損益表

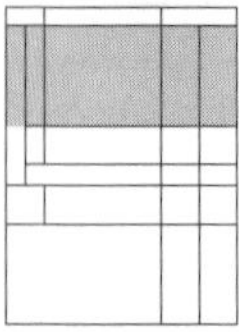

銷售費用和一般管理費用的會計科目

銷售費用和一般管理費用（銷管費）的會計科目例子。這些僅僅只是一小部分而已。銷管費的種類很多，有的金額也很高。

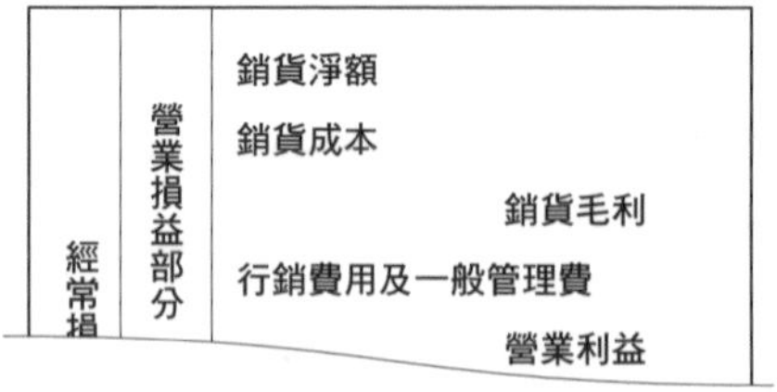
經常損
營業損益部分
銷貨淨額
銷貨成本
銷貨毛利
行銷費用及一般管理費
營業利益

薪水・津貼

給董事、從業員工的薪水、獎金等。

運費

包裝、運送商品、產品的費用。

郵電費

電話費、郵資等等的費用。

租借費用

使用土地、房子、機械等的使用費、租金等。

水電費

水費、電費、瓦斯費等。

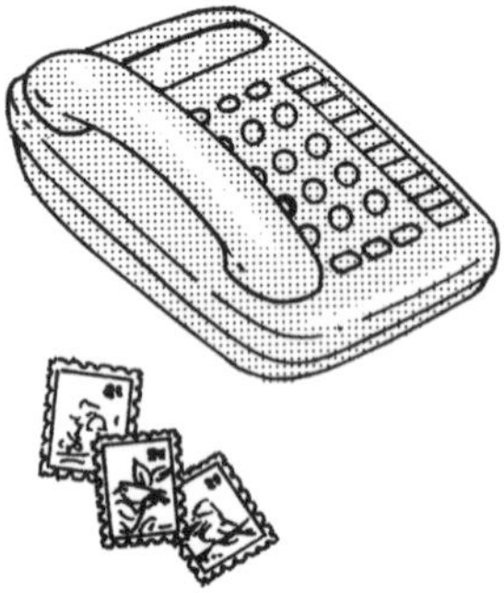

COFFEE

銷售費用和一般管理費用是指有關公司銷售及一般管理業務所發生的所有費用。簡稱「管銷費」，又稱營業費用（operating expense）。

銷貨成本是採購商品、產品，製造商品、產品所投入的費用（參照P.72）。

相對於銷貨成本，為了銷售商品所投入的廣告費、運送費等的費用就是銷售費用。辦公室租金、稅金等費用則是一般管理費用。之所以會把銷售費用和一般管理費用歸納處理，就是因為它們之間實在很難區別。

以商品展示間的租金為例。租金應該是一般管理費用。但是如果把這筆費用當作是以銷售為目的的費用，就是銷售費用了。

總之，如果要嚴格區分，疑問就會如雨後春筍一個一個冒出

折舊費用

固定資產價值減少的費用。

維修費

修理房屋、機械等等所需要的費用。

交際費

招待客戶、年節送禮等費用。

差旅費

為推動業務而支出的出差費用、計程車費、電車費等。

租稅公課

除了國稅、地方稅，還有繳給地方公共團體的稅金等。

呆帳損失

應收票據、應收帳款等之金錢債權無法回收時的損失。

員工福利金

用於員工健康檢查、紅白帖、員工慶生等福利的費用。

廣告宣傳費

用於商品等廣告宣傳的費用。

COLUMN

一般管理費用是「固定費用」，銷售費用是「變動費用」

銷貨成本、銷售費用等等費用，又可區分成「固定費用」和「變動費用」。

屬於銷售費用的廣告宣傳費、商品的運送費用等是「變動費用」。

因為這些費用會隨著銷貨淨額的增加而增加，減少而減少。和銷貨淨額成一定比例增減的費用就叫「變動費用」。

反之，屬於一般管理費用的從業人員薪水、辦公室租金等則是「固定費用」。

向他人承租辦公室的公司，就算賺的再多，房東也不會任意提高租金。

類似這種不會隨著銷貨淨額變化的費用，就叫做「固定費用」。

來，所以就統稱為「管銷費」。至於什麼費用要列入什麼科目，公司可自行決定。

看財報時，銷管費的內容明細也務必要看清楚。

POINT5

人事費用和交際費

種類很多的銷售費用及一般管理費是一筆大金額。現在我就針對其中最讓人感興趣的人事費用和交際費用，再做進一步詳細說明。

勝組和敗組和人事費用

公司常常都想減輕人事費用。
如下圖所示，公司雖然會尋求各種對策，但是這裡希望大家把重心放在「薪水制度的修正」。

各種人事費用對策所占的百分比

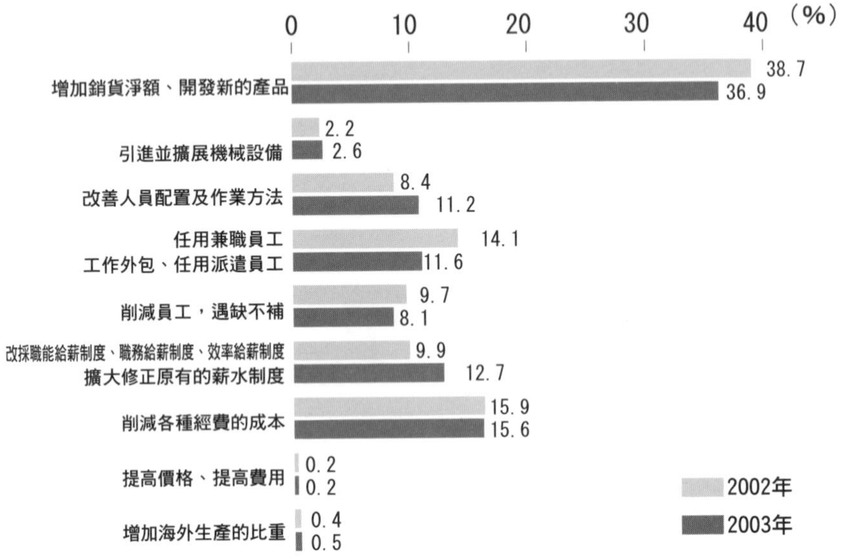

根據厚生勞動省2003年薪支增長實情之有關調查改寫

（例）

年功序列型薪水制度	成果主義型薪水制度
職能給薪制度 親人、住宅津貼 年齡給薪制度	效率給薪制度

現在日本的薪水制度已經逐漸從隨著年齡加薪的年功序列制變成講求成果主義的薪水制了。比較2002年和2003年的薪水制度，就可以發現職能薪水等制度的比例提升了2.8%。
也就是說，現在的薪水體系已經從年齡給薪制度、領取撫養親屬津貼等等，生活可以全面受公司的狀況，變成了只能看績效拿報酬了。

要課稅的交際費

交際費如果不控制，通常都會愈來愈多，所以會當作大額的經費處理。
另外，交際費要課稅。在法人稅上，交際費不能列入銷管費（銷售費用及一般的管理費）中處理，必須以經費申報列之。
股本超過一億日圓的大公司，不能把所有的交際費都當成經費列入計算。
中小型企業的交際費如果超度一定的限度，也不能以經費認列。

交際費可列入損金*計算的限額

股本（資本額）	可列入計算的限額
超過一億日圓	全部的交際費都不能列入損金計算
一億日圓以下	一年400萬日圓 但是就算支出金額在限度範圍之內，其中的10%也能列入損金計算。

＊計算法人稅時的支出

Q 何謂損金？

A 計算公司稅金的法源依據是法人稅法。根據法人稅法，財報上有利益兩個字的會計科目叫所得，收益叫益金、費用叫損金。

因為編製財報的規則和計算稅金的規則不一樣，所以利益和所得完全不一致。

另外還有一點就是，有遏止浮報交際費功能的損金有申報列之的限額。總是損金和費用具有似是而非的一面，必須多加注意。

※譯按：台灣只有「損金」一詞。

會議費和交際費

執行業務的時候，免不了都會和公司內部的人或外面的客戶交際應酬。一般都以飯局為多。這個時候，如果是會議費，就可以以經費報帳。但是如圖所示，交際費是要繳交法人稅的。
這個時候，我就希望大家都知道怎麼拿捏會議費和交際費了。
「3000日圓以內是會議費」、「有喝酒就是交際費」，相信大家對於這些話一定不陌生，但是事實上，會議費和交際費的區別基準，既不是金額的大小，也不是有沒有喝酒。
因此，就場所、狀況來思考並根據常識判斷，被認為是「吃飯程度」的費用，其實是具有被當作會議費認列的條件。

年功序列啊……原來曾經有過這種時代！不知道這種時代什麼時候才會再來……
這種制度還真不錯，只是……

損益表

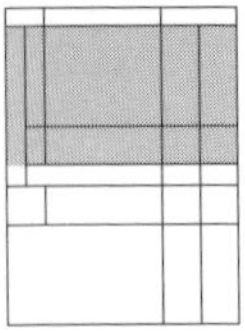

靠本業活動獲利的營業利益

五個利益中第二個登場的營業利益

要知道公司靠本業賺了多少錢，就看營業利益。

在會計期間所賺的錢（銷貨淨額）扣除進貨、材料費、人事費、管理費等，也就是減去在銷貨之前所花掉的各種費用之後的盈餘。

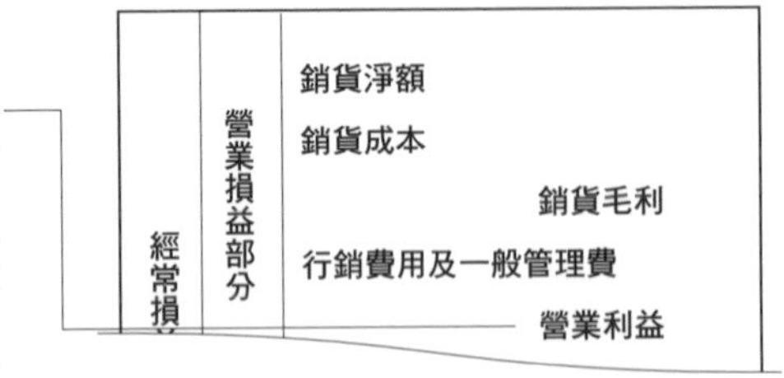

營業利益的計算方法

銷貨淨額 － 銷貨成本 ＝ 銷貨毛利

銷貨毛利 － 銷售費用及一般管理費用 ＝ 營業利益

銷售費用及一般管理費用 ＞ 銷貨毛利 ▶ 營業損失

銷貨淨額減去銷售成本的粗利（毛利）之後的餘額叫銷貨毛利（參照P.74）。銷貨毛利減去銷售產品、商品的費用（銷售費用）及管理公司的費用（一般管理費用）的餘額就是營業利益了。

五個利益中第二個登場的營業利益，就是來自公司本業活動的獲利。

如果營業利益的數字是負數，就叫做營業損失。

從營業利益的數字可以看到公司未來的路。如果營業利益的數字很亮麗，而且有增加的趨勢，就表示公司的將來可期；反之，如果營業利益上的數字有向下滑落的趨勢，公司就必須要重新修正銷售戰略、開發新的產品了。

「營業損益的部分」要有盈利是非常重要的

看損益表時，營業利益下面還有一格，這一格也歸納在營業損益的部分裡。
這麼做的原因，就是要督促看損益表的人做確切、妥當的判斷。
如果副業、金融上的費用和投入本業的費用亂七八糟，就看不到公司真實的狀況了。
跟著損益表列示的方法分區解讀，就是看損益表的訣竅。

經常損益部分	營業損益部分	銷貨淨額	本業的成績
		銷貨成本	
		銷貨毛利	
		行銷費用及一般管理費	
		營業利益	
	營業外損益部分	營業外收益	副業、金融上的損益
		營業外費用	

Q 本期的營業利益為什麼比上期少？

A 先確認銷售費用及一般管理費是不是增加了。如果銷貨毛利和上期一樣，那就不妙了。

銷售費用及一般管理費用，涵蓋了人事費用、廣告宣傳費用等各種費用，而且很多項目的金額都很龐大。如果和去年度相比，營業利益因為人事費用的增加而滑落了，就必須要檢討人事費用。

如果和同業種相比，營業利益偏低的話，或許就是和兼差、約聘人員等有關的節省人事費用的方法有不對的地方。

託這個的福，
所以閃電電視機銷路不錯，風評也不錯。

公司在本業之外也會有獲利及損失

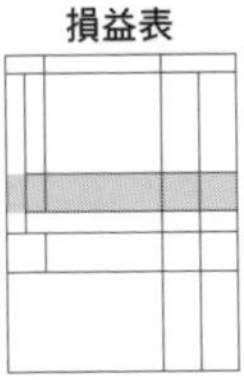

非主要營業活動之附屬業務的成績

損益表中的營業外損益部分裡，包括了營業外收益和營業外費用。現在我們就仔細看看裡面的會計科目。

是指除了本業之外，公司靠副業、靠投資理財所賺的錢或所造成的損失。

票據貼現損失
是指企業以未到期應收票據向銀行融通資金，銀行按票據的應收金額扣除一定期間的貼現利息等。

利息支出
借款、公司債的利息等之金融上的利息。

賣掉有價證券的損失
賣掉短期持有、具有市場性的有價證券時的損失。

雜損失
把營業外費用中低重要度和金額不大的項目綜合起來處理的科目。

匯兌差額損失
把外幣換成本國貨幣之後，因為匯率變動所造成的損失。

列在營業外損益部分的營業外收益和營業外費用，是指公司在本業之外活動中的收益及費用。換句話，指的就是副業的成績。為了和本來的營業活動做區別才如此列示。

營業外收益是指把現金放在銀行所得到的利息、購買其他公司債券的利息、購買股票的配股、配息等。

反之，營業外費用指的就是向銀行借的錢所要付的利息、賣股票、賣公司債時所產生的有價證券損失（投資損失）、股價下跌時的有價證券評價損失（企業所擁有的上市股票的時價，因為低於帳簿價格的百分之五十，而必須做會計處理時，在稅務上要將評價損失列入費用計算）等等。

類似以上這些活動就叫做財

紅利收入
股票的股息、來自信用金庫（以中小企業為對象，做存款、放款、貼現等業務的金融機構）的盈餘分配等。

利息收入
存款利息、有價證券利息、貸款利息等。

賣掉有價證券的獲利
賣掉短期持有、具有市場性的有價證券時的獲利。

雜收入
把營業外收益中低重要度和金額不大的項目綜合起來處理的科目。

匯兌差額利益
把外幣換成本國貨幣之後，因為匯率變動所獲得的利益。

Q 什麼叫票據貼現損失

A 在信用交易中收到支票後，一般都會等到票期到了之後，再拿到銀行去換現金。

但是，總是有急需要現金的時候。這個時候，拿著支票去銀行，只要開立支票的公司有信用，就可以把支票轉由銀行代收以交換現金。

不過，並不是支票上所有的金額都能夠變成現金，銀行會先扣除支票到期之前的利息，再支付餘額。

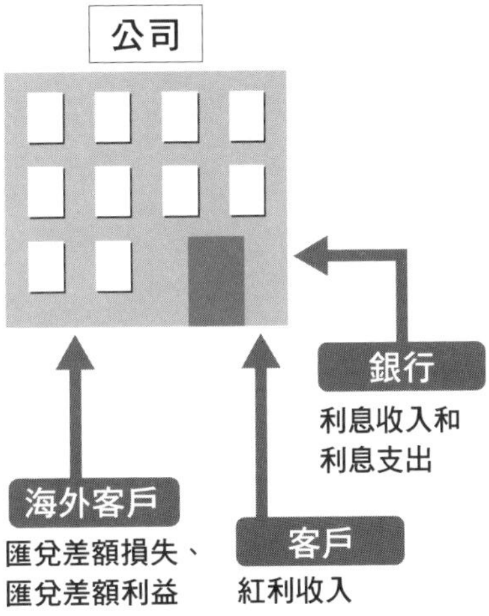

公司
銀行
利息收入和
利息支出
海外客戶
匯兌差額損失、
匯兌差額利益
客戶
紅利收入

務操作」。有些公司在這個塊面所積極投入的心血甚至不亞於本業。

COLUMN

泡沫經濟和淘金熱

一九九八年的歲暮，※日經平均股價以三萬八千九百一十五日圓，寫下歷年來的最高記錄。

這個時候經濟泡沫化正邁入最高峰。全日本的企業都把本業拋在一旁跑去「轉投資」，就是在這個時候。各大報都開闢了投資理財版面，投資理財成了頓時成了國民運動。

走過了八九年的高峰，進入九0年代之後，股票價格直直落，泡沫經濟奄奄一息。直到現在，經濟仍未進出蕭條。

日經平均股價在經濟泡沫之後屢創新低，當年一頭栽進投資熱浪中的公司，一家家都為公司的重建吃盡了苦頭。

※以東京證券交易所上市的一千五百家公司中的二百二十五家公司的股價為基礎計算。

損益表

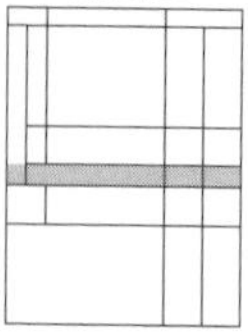

說它是最受重視的利益 絕不言過其實

不是本期利益，是經常利益，每期都必然會發生

除去災害、事故等非常態交易或事項，表達公司靠平常時的營業活動所獲得利益就叫經常利益。

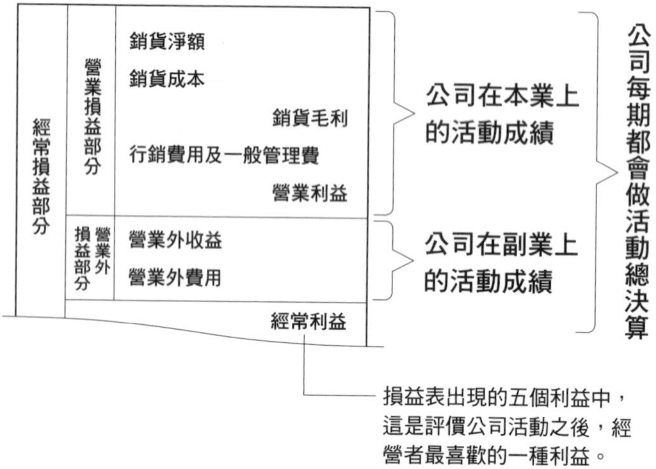
經常損益部分
營業損益部分
銷貨淨額
銷貨成本
銷貨毛利
行銷費用及一般管理費
營業利益
營業外損益部分
營業外收益
營業外費用
經常利益
公司在本業上的活動成績
公司在副業上的活動成績
公司每期都會做活動總決算
損益表出現的五個利益中，這是評價公司活動之後，經營者最喜歡的一種利益。

經常利益的計算方法

銷貨淨額 － 銷貨成本 ＝ 銷貨毛利

↓

銷貨毛利 － 銷售費用及一般管理費 ＝ 營業利益

↓

營業利益 ＋ 營業外收益 － 營業外費用 ＝ 經常利益

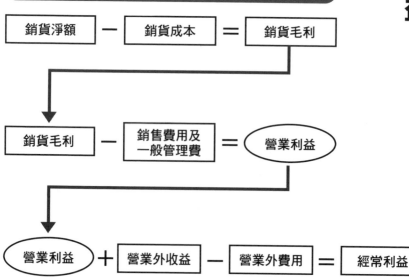

要和前期做比較，一定要看經常利益和銷貨淨額

公司的財報一經由報紙、雜誌、電視報導之後，一定會引起大家的熱列討論。這個時候，你一定會聽到「增收增益」和「減收增益」這兩個名詞。這兩個名詞到底是什麼意思呢？

比較銷貨淨額

比較前期的損益表和本期的損益表，可以看公司的交易動態。如果本期的銷貨淨額比前期高就是「增收」；如果比前期少就是「減收」。

比較經常利益

比較前期的損益表和本期的損益表，可以比較公司每期有多少獲利。如果本期的經常利益比前期增加了，就叫做「增益」，如果減少了，就是「減益」。

初芝公司的「閃電電視」情況不錯！半年決算是增收增益。反之，小馬公司的「開拓者」卻因為市場價格的滑落，變成了增收減益。
嗯？

損益的變化	評價	
增收增益	優	經營出色。不會錯過商機。
增收減益	可	銷貨淨額增加了，為什麼獲利卻減少了？確認公司是不是採薄利多銷的策略。
減收增益	可	企業應該是採取了削減人事費用等措施了。但是從長期的角度來看，過度刪減經費不是好現象，所以還是努力增加銷貨淨額吧。
減收減益	不可	危險。這種狀況如果持續幾期，公司的結構勢必要重整，否則只有破產一途了。

經常是「靠公司的實力，每期都會發生」的意思，所以這個項目涵蓋了公司的本業、轉投資等等所有營業活動的成績。

要評估公司的綜合力，一定要看這個科目。仔細研究經常利益，可以了解很多事情。

有的公司銷貨淨額的數字是正的，可是經常利益的數字卻是負的。這表示公司靠本業賺來的錢不是虧在轉投資，就是拿去支付龐大借款的利息了。

反之，有的公司銷貨淨額不高，可是經常利益的數字卻很漂亮。這表示公司在轉投資上賺錢了。雖然經常利益可以代表公司的實力，但是並不表示公司將來就一定沒有問題。

非常態的交易是利益還是損失？

損益表

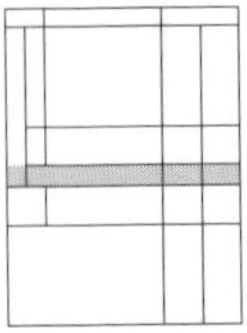

構成特別損益部分的利益和損失

不具經常性的特別利益和損失的會計科目。雖然寫的是是利益和損失，但是在會計上的認定是，特別利益是收益，特別損失是費用。

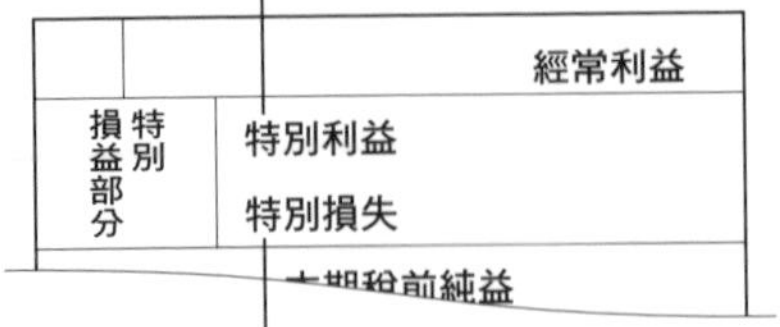

固定資產出售之損失

以比財報上之固定資產價格更低的價格出售固定資產時所產生的損失。

投資有價證券出售之損失

以比財報上之以投資目的所持有的有價證券之價格更低的價格出售有價證券時所產生的損失。類似的損失尚有子公司股票出售之利損。

損害賠償之損失

因損害賠償而支付現金時所產生的損失。

災害損失

因水災、火災等等天災所造成的損失。

雖然每一期營業活動都很穩定，但是公司還是會祈求老天爺讓公司無病無災。但是卻未必都能夠事事盡如人意。

假設辦公室因為意外或人為過失遭祝融之災。因為每期都會發生火災的公司極為罕見，所以不能把火災的損失列入經常損益的部分計算。處理這種無法預期的事故的科目，就是特別損益部分裡的特別利益和特別損失。

除了火災等的災害損失，出售固定資產時的損失、出售投資有價證券時損失也都可以認列為特別損失。反之，因為出售固資產而獲利就列入特別利益中計算。

總而言之，特別損益的部分就是表達非常態交易或事項的結果。

天成攝影棚的大火把電腦所組裝的高科技暴龍燒得精光。損失應該將近一億日圓。

固定資產出售之利益

用比財報上固定資產價格更高的價格出售固定資產時所產生的收益。

投資有價證券出售之利益

用比財報上以投資目的所持有的有價證券之價格更高的價格出售有價證券時所產生的收益。類似的收益尚有子公司股票出售之利益。

前期損益調整之增益

前期的財報有誤，把多於實際的費用列入計算，故而在本期做調整。

免除債務之利益

出貨商同意公司的應付帳款或其他的債務，可以全部或一部分免除。

本期稅前純益之計算方式

表示公司平常營業活動成績的經常利益減除特別損益，就可以算出本期稅前純益。

銷貨淨額 － 銷貨成本 ＝ 銷貨毛利

銷貨毛利 － 銷售費用及一般管理費用 ＝ 營業利益

營業利益 ＋ 營業外收益 － 營業外費用 ＝ 經常利益

經常利益 ＋ 特別利益 － 特別損失 ＝ 本期稅前純益

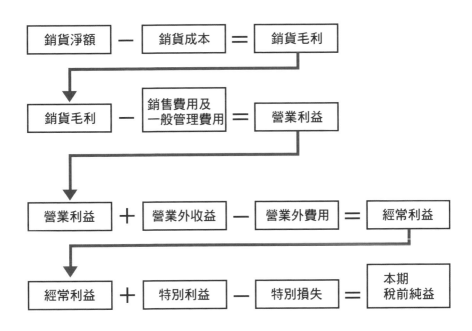

減除稅金後的本期純益

損益表

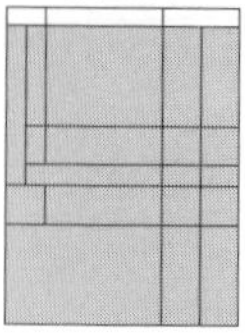

對獲利課徵法人稅等

認識法人稅、居住稅及事業稅的內容。

法人稅
繳給國家的稅。

都道府縣民稅
繳給都道府縣的稅。

市町村民稅
繳給市町村的稅。

事業稅
繳給都道府縣的稅。

（編按：此表為日本特有的稅制）

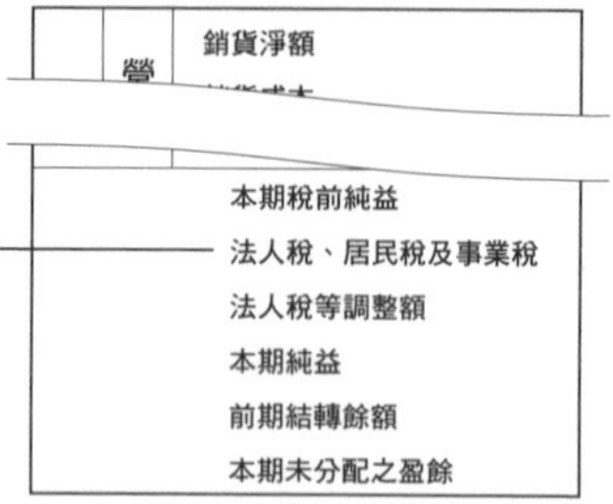
銷貨淨額
本期稅前純益
法人稅、居民稅及事業稅
法人稅等調整額
本期純益
前期結轉餘額
本期未分配之盈餘

法人稅是以所得（法人稅法上的所得）乘以30%來計算。其他的稅則是以法人稅為根本，再分別乘上不同的稅率來計算。結果公司所得中約40%都成了稅金。

租稅公課和法人稅等的不同

租稅公課	法人稅等
印花稅	法人稅
固定資產稅	都道府縣民稅
汽車稅	市町村民稅
登錄免許稅	事業稅

管銷費中有一個會計科目叫租稅公課。在處理稅金方面來說和法人稅等是一樣的，但是租稅公課不是針對利益來課稅。反之，法人稅等則是針對本期公司營業活動所產的利益進行課稅。所以公司愈會賺錢所繳的稅就愈多。

歸納了所有利益和費用的本期稅前純益，減去為公司所花的各種稅金，就可以算出本期純益。

稅金的會計科目有兩個，一個是法人稅、居民稅及事業稅，另外一個是法人稅等調整額（Corporate tax adjustments）。「法人稅、居民稅及事業稅」的名稱很長，所以一般都稱為「法人稅等」。

在此，我希望大家留意的是，法人稅等的稅額是根據法人稅法決定的。也就是不是以受商法規範的本期稅前純益為基礎計算出來的，而是根據法人稅法單獨計算利益所算出來的稅金金額。此利益即稱為課稅所得。

※本節介紹的法人稅為日本特有之稅制，類似台灣之所得稅。

法人稅等的計算方法

法人稅等就是針對公司獲利所課的稅，但是不是根據利潤來算，而是根據課稅所得來計算。

損益表		稅金的計算
收益	≠	益金
－		－
費用或者是損失		損金
＝		＝
利益		課稅所得

課稅所得 × 稅率 ＝ 法人稅等

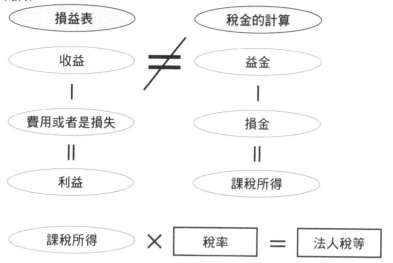

用所得稅會計算出本期純益

用所得稅會計把用法人稅法算出來的法人稅等稅額，調整成商法規的稅額之後，就可以算出本期純益了。

本期稅前純益		○○○
法人稅、居民稅及事業稅	○○○	
法人稅等調整額	△○○○	○○○
本期純益		○○○

- 以商法的規則為根本來計算
- 以法人稅的規則根本來計算
- 配合商法的規則調整稅金
- 以商法的規則為根本所算出來的稅金
- 以商法的規則為根本所算出來的本期純益

本期純益的公式

五個利益當中的最後一個利益，就是本期純益。

本期稅前純益	－	法人稅、居民稅及事業稅	±	法人稅等調整額	＝	本期純益

不知道法人稅法和商法有什麼不同，就不了解稅金。

就以備抵呆帳為例，因為商法的目的是在保護股東，所以只要交易客戶的狀況一惡化，就會把呆帳損失當成費用列入計算。但是在稅法上，則視為「在倒閉之前狀況不清楚」，不能把呆帳損失列入損金計算。因此，所得和利益的不一致，就會讓稅額產生誤差。

應用商法的規則來調整發生誤差的稅額，再把為了商法而算的稅額，列入根據商法所編製的損益表計算所得到的金額，就叫做法人稅等調整額。這一部分是屬於所得稅會計。

把公司應該支付的稅額，調整成應該負擔的稅額之後，就可以算出本期純益了（本期淨利）。

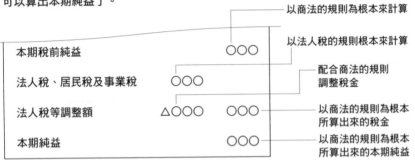

雖然我們的客戶倒閉了，但是想藉此逃稅也未免太天真了。這可是法人稅法的世界啊！

COLUMN

所得稅會計

如果在損益表中看到法人稅等調整額，在資產負債表中看到的遞延所得稅資產、遞延所得稅負債等之會計科目，就知道該公司用的是所得稅會計。

所得稅會計不是把公司應該支付的稅額，而是把公司應該負擔的稅額列入損益表中計算。

把稅金調整得比本來應該負擔的稅金稍微多少一點或少一點，就可以填補會計和稅務在稅金上的那條鴻溝。

因為採用所得稅會計所增加的會計科目

損益表

法人稅等調整額

資產負債表

遞延所得稅資產　　遞延所得稅負債

遞遞所得稅資產（Deferred Tax Asset）

公司應付的稅額（根據法人稅法所定的稅額）當中，如果有將來可以抵減所得稅的資產，就視為預付稅金列入計算。

遞延所得稅負債（Deferred Tax Liability）

公司應付的稅額（根據法人稅法所定的稅額）當中，如果有決算日尚未支付，但是將來要補繳所得稅的資產，就視為未付稅金列入計算。

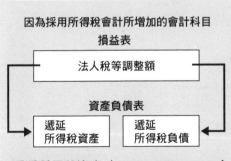

盈餘分配表是損益表的接棒者

盈餘分配表的結構

盈餘分配表就是從損益表中的最後一個會計科目本期未分配盈餘開始跨出第一步。

損益表

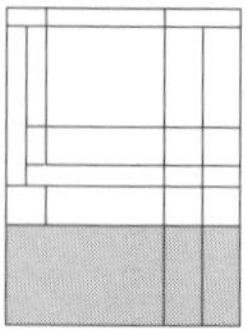

獲利狀況連本期淨利都要寫清楚。

本期稅前淨利
法人稅、居民稅及事業稅
法人稅等調整額
本期淨利
前期結轉餘額
本期未分配之盈餘

前期盈餘分配
尚未決定要分配的盈餘

本期淨利
＋
前期餘額結轉
＝
本期未分配盈餘

盈餘分配表就是從本期未分配盈餘開始編製。

盈餘分配表

本期未分配之盈餘 把這一部份的盈餘如下處理。	○○○
股息	○○○
董事獎金	○○○
法定盈餘公積	○○○
不特定盈餘公積	○○○
次期的盈餘結轉	○○○

列入次期的損益表中計算。

算出了本期純益之後，五種獲利就全都齊聚一堂了。如果以為這樣編製損益表的目的就完成了，那可就錯了，仔細看，它可是還有續篇的。

事實上，損益表除了要表示獲利之外，還要計算給股東的股息、公司的儲蓄等可以分配的盈餘金額。

如果表示獲利的目的是為了公司，那麼計算分配盈餘的金額就是為了股東。

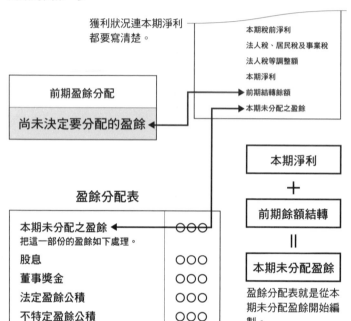

現在，我們所把兩隻眼睛移向緊接在本期純益之後登場的前期結轉餘額（結轉盈餘，Balance brought forward）及本期未分配盈餘（Unappropriated income at end of term）。

本期純益加上「前期結轉餘額（前期之前分配盈餘之後所剩下的餘額）」，就可以計算「本期

盈餘分配的內容

認識盈餘分配表的項目。待分配的盈餘分成內部保留及流出社外兩大類。

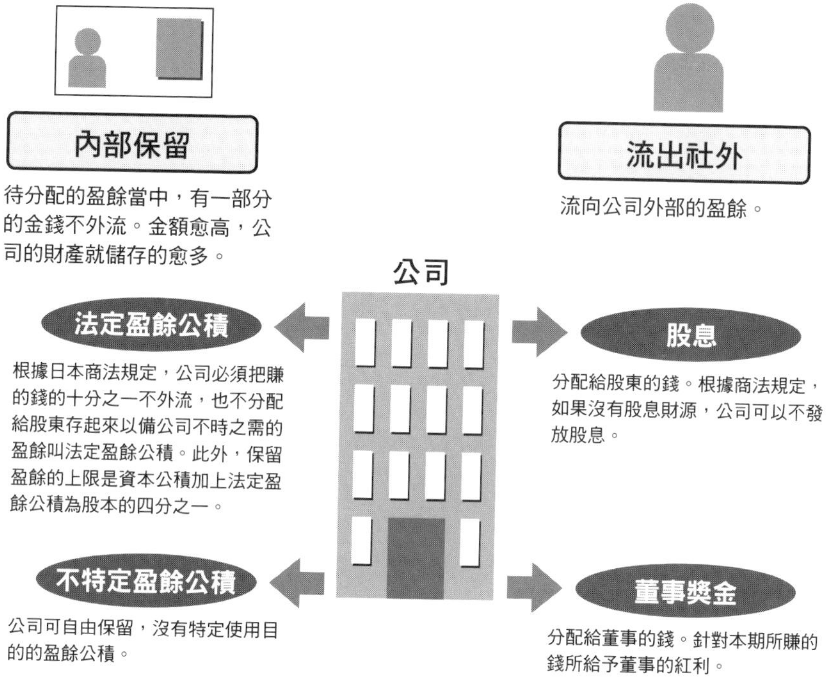
內部保留
待分配的盈餘當中，有一部分的金錢不外流。金額愈高，公司的財產就儲存的愈多。
流出社外
流向公司外部的盈餘。
公司
法定盈餘公積
根據日本商法規定，公司必須把賺的錢的十分之一不外流，也不分配給股東存起來以備公司不時之需的盈餘叫法定盈餘公積。此外，保留盈餘的上限是資本公積加上法定盈餘公積為股本的四分之一。
股息
分配給股東的錢。根據商法規定，如果沒有股息財源，公司可以不發放股息。
不特定盈餘公積
公司可自由保留，沒有特定使用目的的盈餘公積。
董事獎金
分配給董事的錢。針對本期所賺的錢所給予董事的紅利。

未分配盈餘」。

公司會在這個金額範圍內，把盈餘分配給各個股東。損益表的職責到此總算大功告成了。

之後，在決算後所舉行的股東大會上，公司就會針對未分配的盈餘進行決議事項。

這個時候，股東們所參與的議案就叫做「盈餘分配案」。

以盈餘分配案為根本，股東們在股東大會上決定了董事獎金、股東配息、盈餘公積的具體金額之後，就會公開「盈餘分配表」。換句話說，同一份議案，在召開股東大會之前叫做盈餘分配案，一被股東認可之後，就叫做盈餘分配表。所以盈餘分配表就是用來顯示公司在特定期間內，盈餘來源、分配項目及分配後餘額的動態報表。

損益表

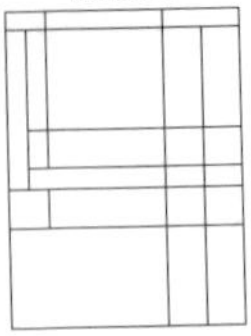

支撐損益表的附註事項

捍衛損益表的附註事項

附註事項可以讓你更了解損益表的內容。看損益表時如果有特別關心的項目，透過附註事項就可以協助進行了解。

損益表

會計年度　自平成○○年○月○日
至平成○○年○月○日

銷售費用及一般管理費中的主要科目如下。

廣告宣傳費
510,895,000日圓
倉庫管理費
182,675,000日圓
裝潢費
153,733,000日圓
董事報酬
225.554,000日圓
轉入預提獎金金額
29,486,000日圓
轉入應計退休金負債金額
33,654,000日圓

損益計算書
自○○年○月○日
至○○年○月○日
（單位：百萬日圓）

		科目	金額	
經常損益部分	營業損益部分	銷貨淨額		○○○
		銷貨成本		○○○
		銷貨毛利		○○○
		行銷費用及一般管理費		○○○
		營業利益		○○○
	營業外損益部分	營業外收益	○○○	○○○
		營業外費用	○○○	○○○
		經常利益		○○○
特別損益部分		特別利益		○○○
		特別損失		○○○
		本期稅前純益		○○○
		法人稅、居民稅及事業稅		○○○
		法人稅等調整額		○○○
		本期純益		○○○
		前期結轉餘額		○○○
		本期未分配之盈餘		○○○

和資產負債表一樣，損益表也有補充內容的「附註事項」。只靠損益表中的會計科目和數字，還是會有不少無法解讀到的資訊，所以附註事項務必要過目。

譬如，銷售費用和一般管理費用金額非常龐大時，就會想搞清楚詳細的內容。這個時候就要看附註事項。「原來在廣告宣傳投資了這麼多的錢！那支造成話題的廣告，原來就是這家做的！」「預提獎金、應計退休金負債也列入計算了！這家公司的福利不錯！就去這家公司上班吧！」總之，看了附註事項之後，可供分析的資料就會大幅增加。

日本的公司半數以上都處在赤字經營的狀況下

我是初芝第一任會長吉原初太郎。當經營碰到不景氣的時候，有件事我們絕對不能忘記。那就是在不景氣的時候，更要重視社會服務，不能只追求利潤。
如果在大家有困難的時候，我們都還能夠做好社會服務，就一定能夠受到大家的肯定。這份肯定自然而然會在以後為公司帶來利益。

根據二〇〇一年度國稅廳的統計資料顯示，日全全國約二百五十五萬的企業法人企當中，會把盈餘利入計算的企業只占了整體的百分之三十一點七。

剩下的百分之六十八點三，也就是大概有一百七十四萬家公司還在赤字（虧損）當中繼續慘淡經營。與一九九一年相較，赤字企業的比率增加了大約百分之二十。情況真的是非常嚴重。

前面有關財務報表的記述，都是從黑色經營的角度來說明的，所以看赤字公司的財務報表時，對於一些用語的微妙不同，或許也不會太大的疑惑。

充其量最明顯的不同就是表中的「利益」兩個字全都改成了「損失」。

另外就是本期未分配盈餘變成了本期未處理損失。當未分配變成未處理時就要格外小心了。

黑字企業和赤字企業的比率

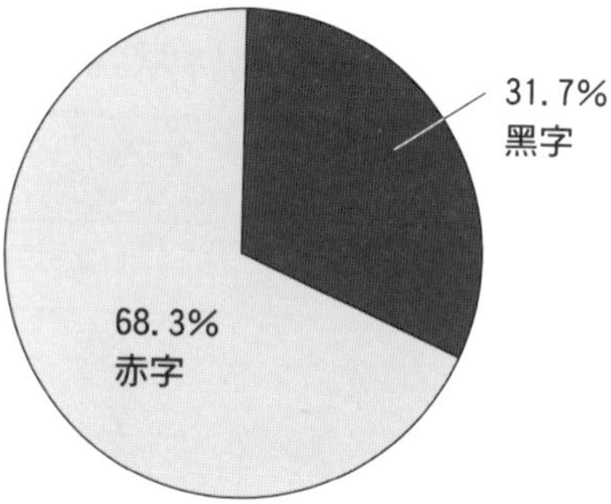
31.7%
黑字
68.3%
赤字

用黑字及赤字做不同的標示

黑色	紅色
銷貨毛利 →	銷貨毛損
營業利益 →	營業損失
經常利益 →	經常損失
本期稅前淨利 →	本期稅前淨損
前期結轉盈餘 →	前期結轉損失
本期未分配之盈餘 →	本期未處理之損失（累積虧損）

五千萬的現金全都到位了！
領収証
三輪企画(株) 様
★ ¥ 300,000—
但 秋の合同旅行会費
初芝電産電熱器(事)レジャー委員

第4章

現金流量表

可以看得到公司真正所擁有的錢

現金流量表是顯示公司現金在會計期間內動向的報表。
透過現金流量表可以知道公司所擁有的現金和資產負債表、損益表上的現金有什麼不同，進而解讀公司錢包裡的真材實料。

近年來重要性大幅增加、追著現金動向跑的財務報表

編製現金流量表的目的

以前的財務報表只有資產負債表及損益表。現在股票上市公司有義務編製現金流量表。

損益表
顯示會計期間內公司有多少獲利。

資產負債表
顯示公司資產、負債等的財務狀況。

以上這兩種財務報表上的數字，都沒有交待現金的收支狀況。

↓

現金流量表
顯示公司現金的動向。

受證券交易法規範的股票上市公司及上櫃公司必須編製現金流量。

和資產負債表及損益表一起成為正式財務報表中的文件。

可以了解企業實際的財務狀況。

長年來多數公司都藉著公告資產負債表和損益表，把公司經營的狀況告訴投資者及金融相關業者。

但是從這兩種財務報表裡，完全看不到公司所使用的「現金」從哪兒流向哪兒。說得難聽一點，公司就極有可能靠著這兩種財務報表合法製造「謊言」。

譬如，如果要以資產負債表對資產進行評價，公司就極有可能以自己的判斷基準來操作數字。而損益表，明明尚未入款，可是只要出貨了，就可以把尚未入帳的貨款，視為銷貨收入列入表中計算。這就形同明明「沒有」現金，卻視為「有」現金。

相對於此，現金流量表就是顯示現金真正動向的財務報表。

一九九九年四月，在日本，現金流量表成為正式的財務報表，股票上市公司有義務對現金流量表進行公告。其法源依據是來自合乎國際標準的「國際會計準則」（International Accounting Standards）。

因為現金流量表會緊追著現金不放，所以只要看現金流量表就可以知道以下的狀況。

- 現金來源與運用。
- 公司到底靠本業產生了多少現金。
- 公司是否把現金用於轉投資。
- 公司到底有多少借款。（公司償債能力）
- 公司到底還了多少錢。

有現金流動的企業活動

現金流量表主要是由以下三個活動而構成。

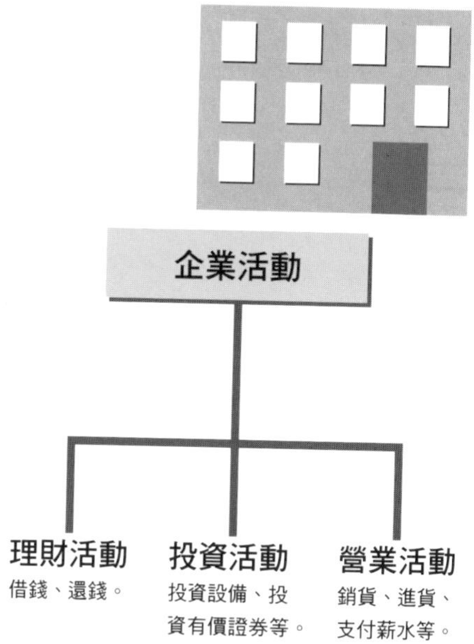

企業活動
理財活動
借錢、還錢。
投資活動
投資設備、投資有價證券等。
營業活動
銷貨、進貨、支付薪水等。

＊台灣的約當現金這個會計科目放在資產負債表，可是日本放在現金流量表。日本的資產負債中的表現金及存款，這個存款和約當現金不能畫上等號。

COLUMN

現金

資產負債表中有「現金及存款」的會計科目。現金流量表中的現金（cash），和資產負債中的現金幾乎是相同的。但是資產負債表中的存款，包括了無法立即解約的存款。例如定期存款。定期存款就不符合現金流量表中現金的條件。

另外，現金流量表合計欄是現金及約當現金（Cash Equivalents）的合計金額。約當現金的意思是可變現（高度流動性），而且風險較小的短期投資。所以定期存款中三個月之內就期滿的定期存款就是約當現金。至於其他什麼是約當現金，什麼不是約當現金，就由公司自行判斷。

現金流量表中的現金定義模稜兩可，所以必須由經營者自己來判斷。所以到底什麼是現金，必須詳細記載在財報的附註事項中。

現金流量表大致由三個部分所構成

三大分類

從營業活動、投資活動、理財活動解讀現金流量表。

營業活動之現金流量

公司透過銷售商品、提供服務所獲得的現金收入，減去進貨等營業活動之必要經費後的金額。換句話說，就是公司在本業上所賺得的現金。

投資活動之現金流量

因為公司投資活動，例如投資設備、有價證券等等所產生的現金流量。

理財活動之現金流量

是指融資借款、償還借款、發行公司債、增資等等之收支。

○○○○○

三者合計金額

如果「期初現金餘額」是正的，就可以算出「期末現金餘額」。

損益表把利益分成「銷貨毛利」「營業利益」「經常利益」……等五種（參照P.68）。

現金流量表也和損益表一樣，為了有體系地掌握公司的活動、公司的現金動向，把現金流量分成了「營業活動之現金流量」「投資活動之現金流量」「理財活動之現金流量」三大類。

然後再各自顯示詳細的內容。所認列的科目會因公司環境、業種的不同而有不同。

總而言之，看現金流量表的最大目的，就是要了解「資金的調度」。

以上班族來說，相當於每個月所領的薪水。薪水是經營生活的泉源，所以千萬不要是負數。

營業活動之現金流量也可以提供購買設備的資金及償還借款，所以等同從根本支撐公司的企業活動。

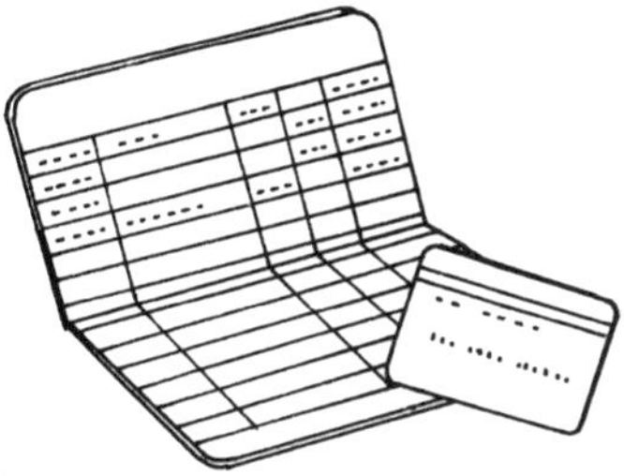

以個人生活來說，相當於買房子、買車子、買股票。

具體來說就是購入或賣掉土地、房子、機械等設備，購入或賣掉有投資目的的有價證券，支出或回收貸款等。

以個人生活來說，最典型的就是為買房子向銀行貸款。

最特別的一點是，借現金的那一年，數字是正的，以後卻會因為償還而變成負的。

COLUMN

備受矚目的現金流量表

黑字倒閉！結算的時候明明有獲利，但是預定要進來的錢沒進來，要還給銀行的錢還不出來，要支付的錢付不出來，所以公司倒閉了。

以現金進貨，以現金支付是有一定極限的，所以幾乎所有的公司都以「賒帳」的方式進貨，以「支票」付貨款。結果，現金的收支時間就被錯開了。

也就是說，利益和資金不能畫上等號。所以就算帳面上的數字是黑色的，也會因為資金的調度銜接不上（資金周轉不靈）而倒閉。

能夠顯示資金是否滯留不動的現金流量表，在分析公司經營狀況時格外受到重視。

現金流量表

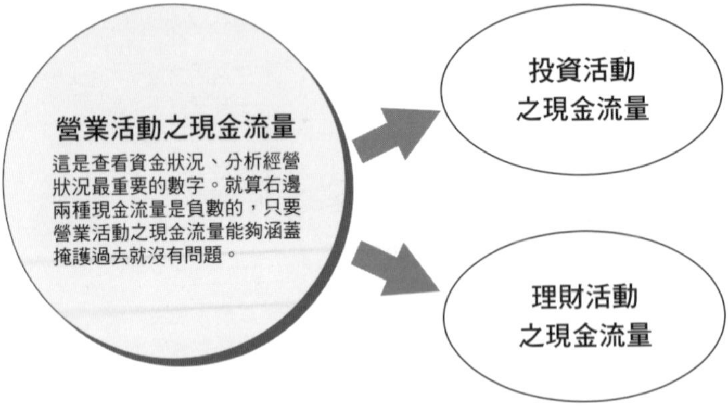
營業活動之現金流量
這是查看資金狀況、分析經營狀況最重要的數字。就算右邊兩種現金流量是負數的，只要營業活動之現金流量能夠涵蓋掩護過去就沒有問題。
投資活動之現金流量
理財活動之現金流量

最應該關注的是本業的現金流量

在企業活動當中，獲取現金的根源就是本業的營業活動。在零售業來說，就是靠銷售商品所得到的收入，如果是製造業，就是銷售所製造的商品，運輸業則是以提供運輸貨物服務賺取收費。

營業活動在產出現金的同時，還伴隨著採購原物料、發給員工薪水、董事報酬等等的支出。

這些顯示本業現金動向的部分，就是營業活動之現金流量。

如果在一般家庭，就像家計簿。家計簿裡寫著薪水、菜錢、學費、交際費、貸款等等收入和支出。如果收支能夠平衡，或許就有錢可以存銀行。如果是負數，就得借錢過日子了。

COLUMN

營業活動和經常利益

損益表上的經常利益是由信用交易中的應付帳款或應收帳款計算而來的數字，並不是現金真的在流動。所以經常利益畢竟只不過是計算上的利益。

相對於此，營業活動之現金流量則是以營業活動所賺取的錢為根本，減去各種支出之後再突顯公司的業績。經常利益的數字固然重要，但是營業活動之現金流量，卻更能反應公司的現狀。

兩種計算方法

損益表有計算利益的公式。營業活動之現金流量則有兩種方法可供選擇。(參照P.104)

直接法	間接法
用公司實際的現金流入與流出編製。也就是將在營業活動中各種收取現金或支付現金所記錄的餘額直接列示在現金流量表當中。	不直接將收現或付現數字列於報表上，而是由損益中的本期淨利調整而成。也就是在本期淨利上加減現金收入和現金支出的差額。大部分的公司都是用這種方法。

COLUMN

大家所冀求的現金流量經營

在資產負債表和損益表這兩種報表被稱為財務報表的時代，公司是以追求「利益」為目的進行營業活動。

現金流量表登場之後，除了利益之外，大家看到了現金的重要性。然後，公司經營模活動的目的逐漸改變了。

除了追求利益之外，公司還想擁有手邊的現金並能夠巧妙地運用現金。這就叫做現金流量經營。

因此，今後進行商務活動的時候，不只要追求公司及交易客戶的利益，還必須要檢視現金的狀態。

藉由活動為本業的經營注入活力。

可以用「間接法」和「直接法」計算營業活動之現金流量

間接法

本期稅前淨利
折舊
備抵呆帳增減額
應收帳款及應收票據增減額
存貨增減額
利息收入及股息收入
利息支出
小計
利息及股息收入額
利息支出額
法人稅等支出額
營業活動之現金流量

銷貨淨額減去銷貨成本、銷售費用及一般管理費用、營業外收益、營業外費用、特別利益、特別損失後金額。都是損益表上的數字。(參照P.87)

雖然沒有現金的流出或流入，但都是損益表上的數字，所以這兩個科目叫做非資金損益項目。

營業活動所產生的資產和負債合計。

小計之後的金額都是總額。加加減減時，要先把小計移開。

靠投資及理財活動之外的交易所產生的現金流出及流入，都要列入營業現金流量中計算。

不只是營業活動，投資及理財活動也都要課稅。這一個項目不做分錄，合起來一併列舉。

直接法

營業收入
進貨支出
人事費用支出
小計
利息及股息收入額
利息支出額
法人稅等支出額
營業活動之現金流量

每一交易都立一個項目，然後把收入和支出列上去。

現金和債權、債務的關係

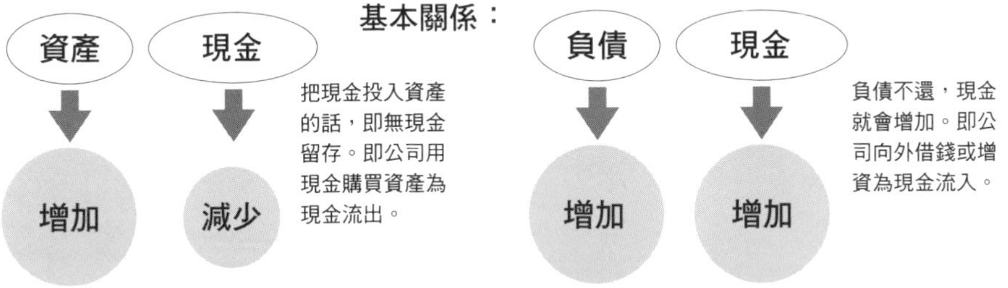
基本關係：
資產
增加
現金
減少
把現金投入資產的話，即無現金留存。即公司用現金購買資產為現金流出。
負債
增加
現金
增加
負債不還，現金就會增加。即公司向外借錢或增資為現金流入。

資產或負債減少時，與現金的流出或流入正好相反。

調整項目

損益表和資產負債表中有些項目並不是實際收取或支付現金時才認列的，所以計算現金流量時就會針對這些項目加加減減。這些項目就叫做調整項目。也就是以下這些項目。

折舊費用
事實上現金只有在購入第一年的時候才會流出，之後現金就是靜止不動的。損益表會減去折舊費用。計算現金流量時就把折舊費用加上去進行調整。

應收帳款
雖然商品已售出，但是只要資產負債表以應收帳款認列，就是沒有現金流入。相反的，前期結轉的應收帳款如果在本期回收，就是現金流入。（參照P.30）

轉入備抵呆帳
本期把預估未來無法回收的應收帳款、應收票據等當作備抵呆帳認列的那個時間點並沒有現金的支出。雖然損益表當作費用列入計算，事實上資金並沒有流出。（參照P.48）

存貨減記
因為商品等存貨的期末時價會比帳簿價錢低，所以會把時價和帳簿價錢的差額當作存貨減記列入計算。雖然損益表把存貨減記當作費用列入計算，但是事實上並沒有資金的流出。（參照P.34）

計算營業活動之現金流量的方法有直接法和間接法。直接法很單純，就是在每一筆交易上直接列出現金收入和現金支出。所以只要看一眼就可以知道現金的動向。

間接法則是先準備基礎的資料，再加加減減算出現金收入和現金支出的差額。準備基礎資料可是一項耗時耗力大工程，所以腦筋一動就想到損益表就是根據支出、收入加加減減把利益算出來的，所以只要以這個數字為基礎就行了。

所以間接法就是以損益表上的本期稅前淨利的數字為基礎，只計算現金的收入與現金的支出。大部分的公司都是採用間接法。

現金流量表

從投資內容預測公司的將來

- 有價證券投資支出
- 有價證券處分收入
- 有形固定資產投資支出
- 有形固定資產投資收入
- 其他投資

藉由和有價證券相關的投資所產生的現金，用以下兩個方式列示現金的流向。
・為獲得股票等支出現金
・因售出不要的股票等獲得收入

藉由和有形固定資產相關的投資所產生的現金，用以下兩個方式列示現金的流向。
・為獲得土地、廠房、機器設備等支出現金
・因出售土地、廠房、機器設備等獲得現金

例如，把高爾夫球證等當作投資列入現金流量中。

因為其他投資而產生的現金，又該如何表示現金的流入及流出呢？
例如：短期貸款收入、短期借款金償還支出、長期借款收入、長期借款償還支出保證金等無形固定資產之退還及支出、出資金的支出和退還等。

投資活動之現金流量大致可以分為三種。第一種是「有形固定資產的投資」，第二種是「有價證券的投資」，第三種是「其他的投資」。

提到投資活動，很多人都會聯想到是為了要得到什麼而支出。但是事實上，賣掉不需要的機器、閒置的土地，就是列入投資活動之現金流量中計算的。因為賣掉土地等而獲得大筆現金的時候，投資活動之現金流量上的數字就會變成正的。

從公司做哪一種投資，就可以預測公司的經營戰略。例如，把現金投入新事業的開發，就可以判斷公司要走多元化的經營路線。

列示規則

支出
為購買新的機器，
投資100萬日圓。

收入
出售舊的機器，
獲得30萬日圓的收入。

↓

投資活動之現金流量，不能寫70萬日圓。

↓

現金流量不能正負相抵，而是要全部記上去。

↓

個別設立會計科目

↓

才可以正確把握現金的流向

取得有價證券、固定資產的支出及出售之後的收入都要記載。如此才能夠了解根據長期計劃所做的投資、短期投資及貸款情形。

如果投資活動也能夠不偏不倚一桿就打入平坦球道，
就可以放心了。

POINT6

有餘力才可以做的設備投資

投資有形固定資產時，如果是投資公司所需要的機器等設備，就叫做設備投資。
除有能力投資銀行等有價證券的大公司以外，對一般公司來說，投資金額最大的應該就是設備投資。若問現金從哪兒來，答案當然是公司賺的錢。所以最理想的狀況是，投資活動之現金流量的數字小於營業活動之現金流量的金額。
不過，剛剛起步的公司又得另當別論。因為剛開始經營的那幾年，設備投資，也就是投資活動之現金流量一定會比較多。

把靠本業賺的錢

↓

拿去做設備投資

列入財報中計算的方式

購買機器類的設備

↓

支付現金

現金流量表
當作設備投資列入計算。

資產負債表
當作有形固定資產列入計算之後，再逐年折舊。

損益表
透過固定資產的折舊計算，把折舊當作費用列入計算。

COLUMN

設備投資和景氣的關係

分析經濟狀況時，會用到「設備投資的金額」。因為當營業活動之現金流量的數字是正的，才會進行這項投資。而且投資的金額增加，就表示公司的收益增加了。

二〇〇三年的七月～九月，設備投資比前期增加了四・二％，景氣好轉的趨勢出現了。但是，再仔細看看所投資的設備內容，大多數的人就無法再樂觀以對了。

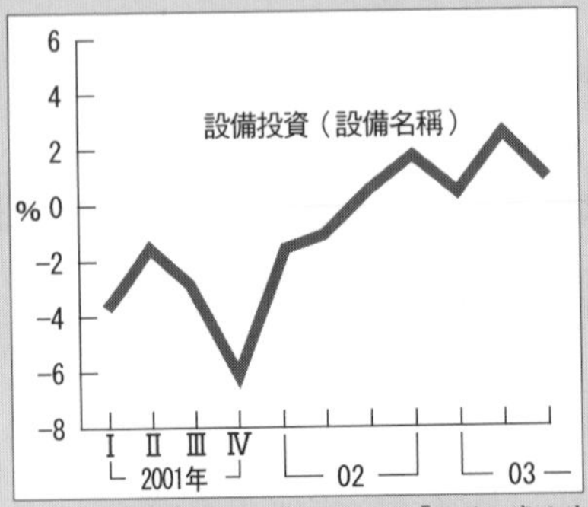

根據日本經濟新聞2003年11月15日「設備投資的前年比率增減及通貨緊縮的前年比率增減」所改畫。

另外一種投資設備的方法就是租借

就像影印機一樣，不買而用租的。用這種方法也可以進行設備投資。
如果是這種情形，影印機就不是固定資產。那麼該如何列入財報中計算呢？

設備投資的計算方法

租借機器類的設備

▼

支付租金

現金流量表
在租借期間，當作平均支出列入計算。

資產負債表
不能列入計算。

損益表
把支出的租金當作費用列入計算。

從「負債」和「資本」可以知道資金的調度

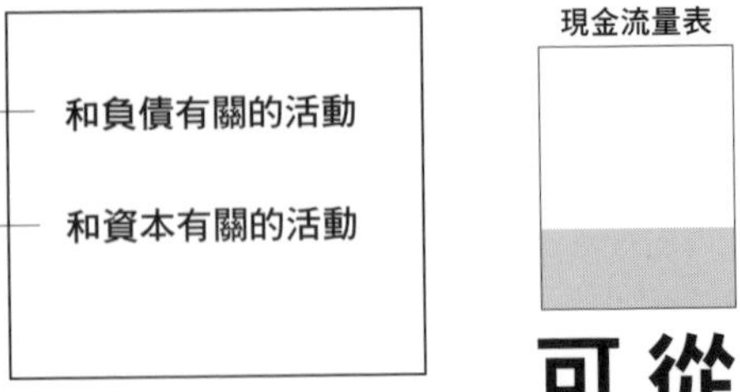

「短期借款收入」「長期借款收入」「長期借款償還支出」「公司債集資收入及償債支出」等科目。

「股票發行收入」「股息支出」「購買庫藏股」等科目。

理財活動

是公司為了進行營業活動、投資活動調度資金。

- 向銀行借錢、還錢給銀行（長期、短期）
- 發行公司債、償還公司債
- 支付股息

理財活動之現金流量顯示的是籌集資金、償還資金時，實際現金的流入與流出。

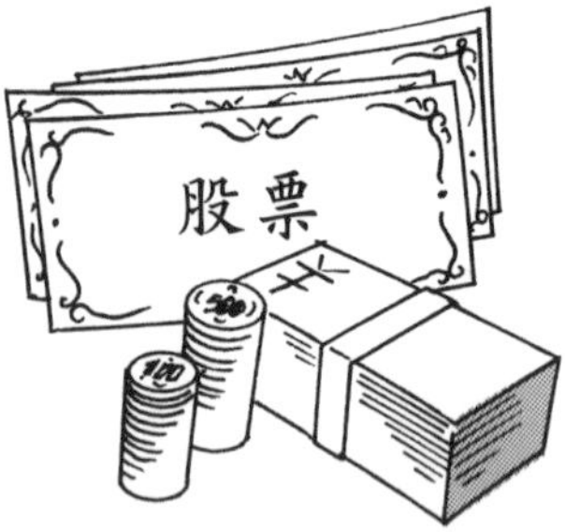

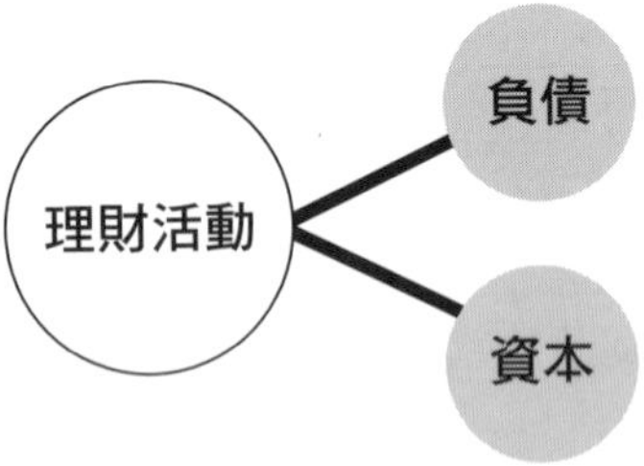

財務活動之現金流量，也可以說是把「如何補足公司營業活動、投資活動不足之現金資料」整理過後的資料。

公司的理財活動就是和負債、資本（股東權益）有關的活動。在現金流的部分，則是遵照不相抵的規則認列計算。

和負債有關的活動，就是把來借款收入、還款支出、買入公司債、償還公司債等列入計算。

和資本（股東權益）有關的活動，則是把發行股票的收入、股息支出額等列入計算。如有購買或出售庫藏股的狀況，也要在這裡做統計。

列示規則

和投資活動現金流量一樣，不把資金的籌集及償還相抵，而是要把每一筆交易的金額都列上去。要分析公司的營業狀況時，這可是眾所期望的。不過，因為短期債款的現金流出與流入非常頻繁，所以有的時候並不一一列入計算，而是加加減減算出純增減額（淨額）之後再列入計算。

譬如，

一般家庭房貸的借貸與償還

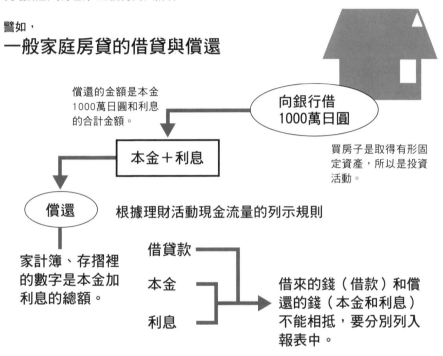

向銀行借
1000萬日圓

買房子是取得有形固定資產，所以是投資活動。

償還的金額是本金1000萬日圓和利息的合計金額。

本金＋利息

償還

根據理財活動現金流量的列示規則

家計簿、存摺裡的數字是本金加利息的總額。

借貸款
本金
利息

借來的錢（借款）和償還的錢（本金和利息）不能相抵，要分別列入報表中。

COLUMN

庫藏股

庫藏股（Treasury stock）就是公司將已經發行出去的股票從市場中買回存放於公司，而且尚未再出售或是註銷。（參照P.59）

公司的股本是由股票發行時的股票數量及一股的發行金額決定的。公司最初的財務基礎就是建構在股本的金額之上。

公司將已經發行出去的股票從市面上買回來叫做「取得自己的股票」，用這種方式買回來的股票就叫做「庫藏股」。

以前買回庫藏股存放於公司有嚴格的規定。但是，自從二〇〇一年十月日本的商法修改之後，原則上就可自由購買及持有庫藏股了。經營上軌道的公司全都會把自己發出去的股票買回來。

現金流量表

「可自由運用的現金」決定公司的價值

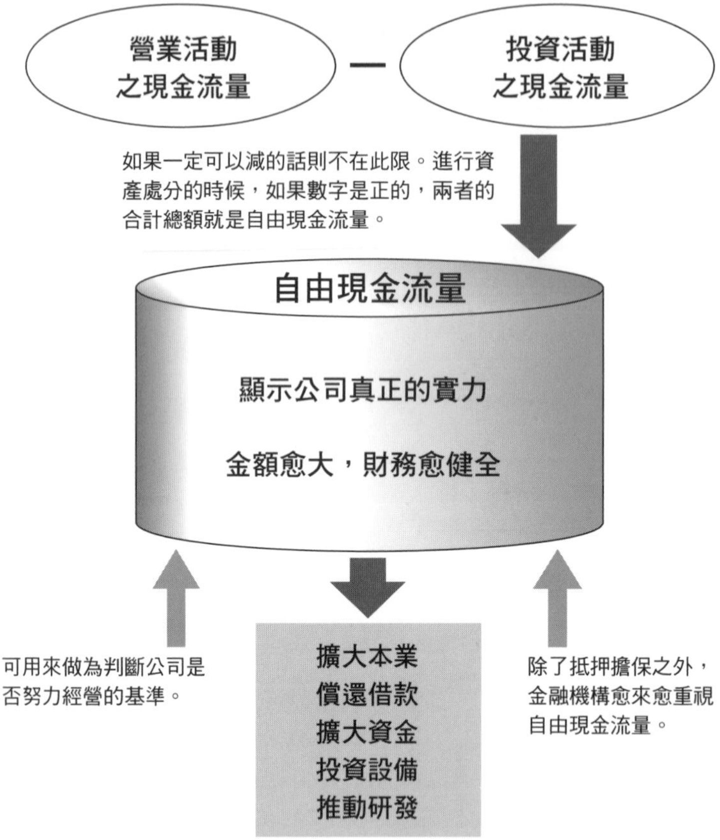
營業活動之現金流量
－
投資活動之現金流量
如果一定可以減的話則不在此限。進行資產處分的時候，如果數字是正的，兩者的合計總額就是自由現金流量。
自由現金流量
顯示公司真正的實力
金額愈大，財務愈健全
可用來做為判斷公司是否努力經營的基準。
擴大本業
償還借款
擴大資金
投資設備
推動研發
除了抵押擔保之外，金融機構愈來愈重視自由現金流量。

公司有了盈利之後，絕不會任由現金閒置。這個時候公司會進行投資、償還借款。就連給股東的股息也可以再創造利潤。

但是，如果沒有可以自由運用的現金，就無法做這些事情了。公司可以自由運用的現金就叫做「自由現金流量」。

計算自由現金流量的方法有好幾種。一般都是用營業活動之現金流量直接減去投資活動之現金流量。

從自由現金流量中，可以解讀到「公司的價值」。不過，但是評價（看法）會因為公司的成長過程而有所變。

NISSAN
如果能夠成為Ｆ１的獨家贊助廠商，賽車、練習服、出賽服等等都會打上公司的名字。此外，我們還可以使用賽車、選手個人、車隊的肖像權、工業設計權。
TOTAL
IMPUL
要成為獨家贊助廠商要花多少錢？
一年一億日圓左右。這是一筆龐大的金額，但是投資效果十足。

根據成長過程改變看法

成長期	安定期
因為以將來的投資為優先，現金流量必然不足。 如果只在營業活動之現金流量的範圍內做投資，會因為成長遲緩而無法提高利益。	雖說經營穩定，但是無需勉強投資造成現金流量不足。 如果現金流量不是正數，即無法獲得投資者的信賴。

現金流量表具有不易造假的結構

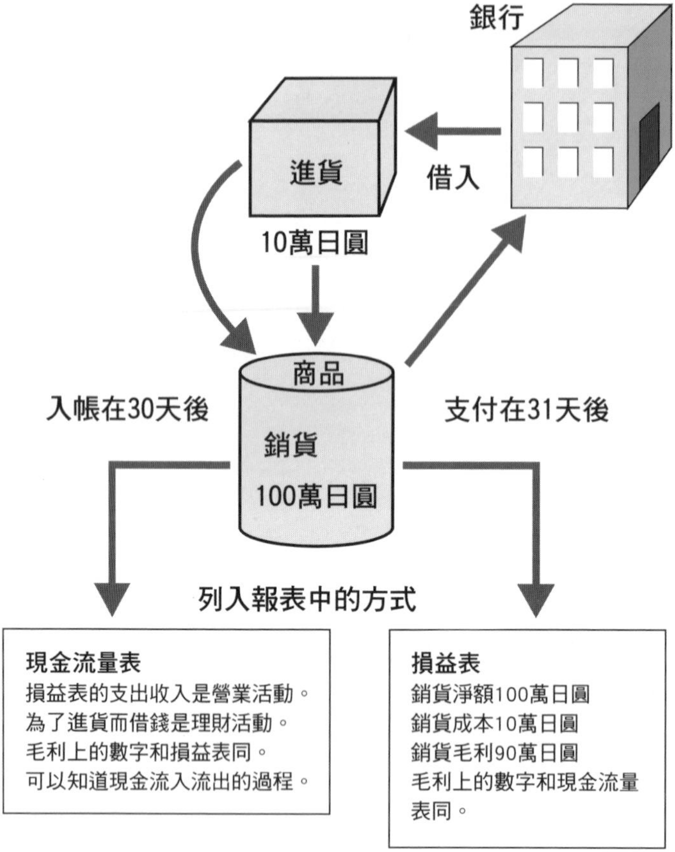
銀行
借入
進貨
10萬日圓
商品
銷貨
100萬日圓
入帳在30天後
支付在31天後
列入報表中的方式
現金流量表
損益表的支出收入是營業活動。
為了進貨而借錢是理財活動。
毛利上的數字和損益表同。
可以知道現金流入流出的過程。
損益表
銷貨淨額100萬日圓
銷貨成本10萬日圓
銷貨毛利90萬日圓
毛利上的數字和現金流量表同。

藉由營業活動獲得現金

再把現金轉入投資活動

現金不足的部分由理財活動調度

看過「營業活動之現金流量」「投資活動之現金流量」「理財活動之現金流量」三種現金流量後再進行比較，有件事情就一清二楚了。那就是現金到底是怎麼來的（現金的流入）？及現金又是怎麼用掉的（現金的流出）？

如果要用最簡單的方法來說明現金的流入和流出，就是把用營業活動之現金流量籌集來的現金，轉到投資活動中，再透過理財活動調度不足的現金。換句話說，看看這三種現金流量是否平

男人常常會想一些無聊的問題。例如，要識破窗飾問題比較容易，還是要看透女人心比較容易。

不要掩飾了！讓我看看真正的妳！

島耕作的答案是，要獲得投資者的信任、女人的信任，最重要的就是開誠布公。財報、人都要夠透明才能夠讓別人產生信任。

衡，就可以判斷公司的經營狀況了。

但是，以前日本公司所公告的財務報表，公司可以填入不存在的利潤，公司也可以用自己的評估方式判斷資產。所以這種做法可以造假進而衍生窗飾問題。這樣當然無法獲得海外投資者的信任。

所以公司一定要計算現金流量。因為現金流量以存款戶頭等等為根本，緊追著現金的流入與流出不放，不易造假。由於現金流量的透明度很高，所以是分析公司最適合、最妥當的指標。

解讀正數和負數的意義

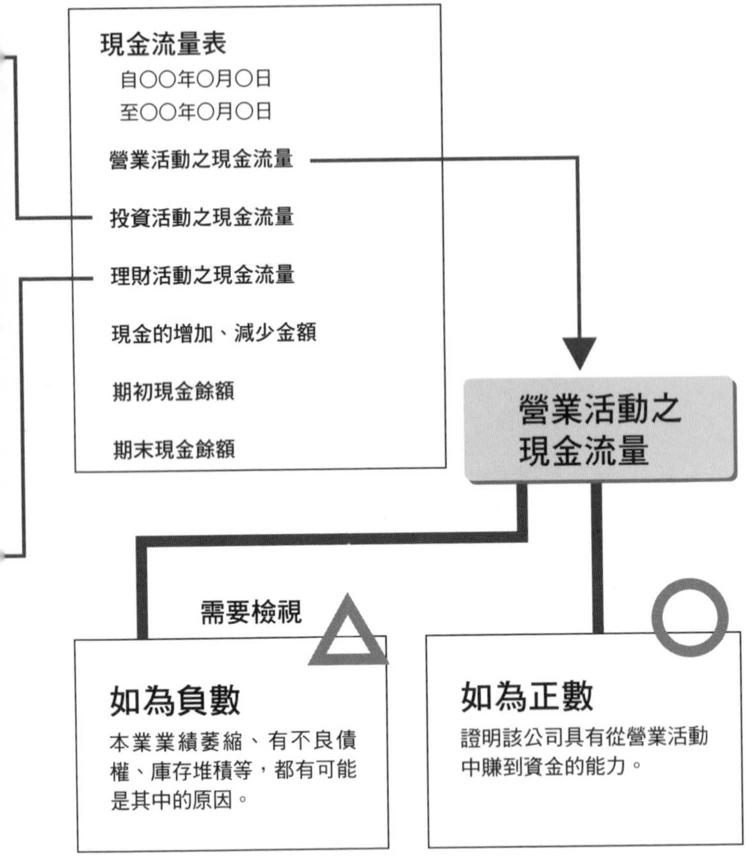
現金流量表
自〇〇年〇月〇日
至〇〇年〇月〇日
營業活動之現金流量
投資活動之現金流量
理財活動之現金流量
現金的增加、減少金額
期初現金餘額
期末現金餘額
營業活動之現金流量
需要檢視
如為負數
本業業績萎縮、有不良債權、庫存堆積等，都有可能是其中的原因。
如為正數
證明該公司具有從營業活動中賺到資金的能力。

希望大家先知道評估現金流量表上正、負數字的方法。知道之後才能夠更進一步理解現金流量表中三種現金流量的意義。

看的原則如上所示。如果投資活動之現金流量是負數，而且比營業活動之現金流量多很多，就稍微有些問題了。不足的部分，就得靠理財活動之現金流量來填補了。

這個時候，如果靠自己的資本填補的比例愈高，安全性就愈高。反之，如果靠借款等來填補的比例偏高，就表示公司因投資失利而倒閉的風險變高了。

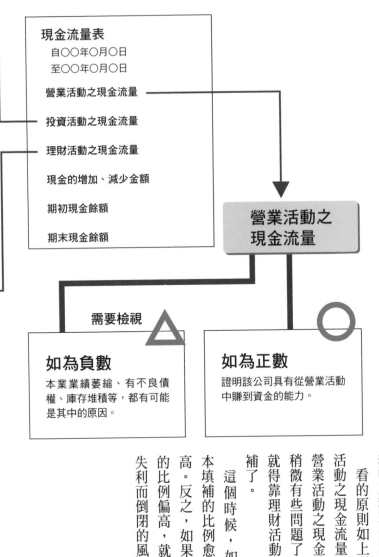

投資活動之現金流量

如為負數（✕或○）

如果往好的方向想，就是投資活動非常積極。如果往不好的方向想，就是投資非常沒有效率。

負數的部分如果不是在營業活動之現金流量可以控制的範圍內，不足的部分就要靠理財活動之現金流量來填補。最好是能夠用公司自己的資本來填補，如果必須依賴別人的資本就危險了。

但是，如果負數的部分是在營業活動之現金流量可以掌控的範圍內，就沒有問題。

如為正數（○）

意味回收多於投資的支出。

理財活動之現金流量

如為負數（△ 需要檢視）

表示要償還的資金高於籌集而來的資金。需要確認呈負數的原因。如果是因為借款的比例太高才造成現金流量是負數的，就要檢討公司是否過依賴借款。

如為正數（○）

表示借入的資金、股票增資高於要償還的資金。

嗯嗯嗯！
看過財報之後，我們只能停止交易！
ヘナヘナ

第 5 章

從知識 3 開始的經營分析

充分有效活用財務報表

從知識零開始入門的解讀財務報表，看完了三種財務報表後，你的知識就升級到第 3 級了。
如果能夠再更進一步，從財務報表來分析公司的經營，你的知識等級就會再躍升至 4 級、5 級、6 級……。能不能活用財報就看你自己了！

五個分析重點、三個觀點

把財報上的數字加、減、乘、除，就可以分析公司。

分析時要掌握五個重點，即收益性、效率性、安全性、生產性及損益兩平點。倒閉的徵兆、裁員的風吹草動、未來的經營動向等大家所關心的事項全都是分析的對象。

要分析這五個重點，只要用一定的公式計算就可以了。這些公式叫做「經營指標」。

要計算經營指標，千萬別忘了要比較。

就是不要只看本期公司的成績，而是要和前期比，和競爭對手比。

易客戶、競爭對手、自家公司
經營狀態都需要分析。

靈活運用五個分析

邁入成長期的公司，重視收益性的程度會高於安全性。反之，擁有數萬員工、已經踏入成熟期的公司，最重視的或許是安全性。所以分析的結果會因為各自狀況的不同而有不同。

效率性
看看所投下的資本，是否很有效率地創造了亮麗的銷貨成績。
P.132～

收益性
看看所投下的資本，到底創造了多少的利潤。
P.126～

安全性
看看資金的籌集和運用是否有問題。
P.144～

損益兩平點
了解利益和損失大於這個點或小於這個點時，會產生或減少多少的利潤。
P.162～

生產性
看看員工、設備等等是否為利潤貢獻了一份心力。
P.152～

比較之後做分析

要做分析一定要有比較的對象。從基礎數值做比較分析，比較能夠看清楚公司的真實面貌。

1 以期間做比較

準備公司從過去到現在的經營指標，看看公司如何成長、發展、茁壯。最低限度，也要和前期的財報做比較。

2 和同業競爭對手做比較

如果是松下，就要和索尼（SONY）做比較；如果是初芝，就是和Solaar電機（基本數字力中的S公司）做比較。總而言之，就是和自家公司在業界的競爭對手做比較。

3 標準值做比較

就是和自己公司所屬的業界平均值做比較。

從兩個經營指標謀求公司的綜合力

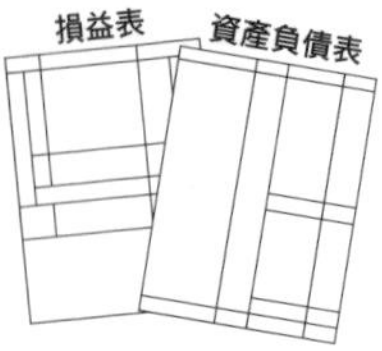

資產報酬率要合併收益性及效率性做分析

資產報酬率是經營分析的基本數值。因為它是兼具收益性和效率性的指標。

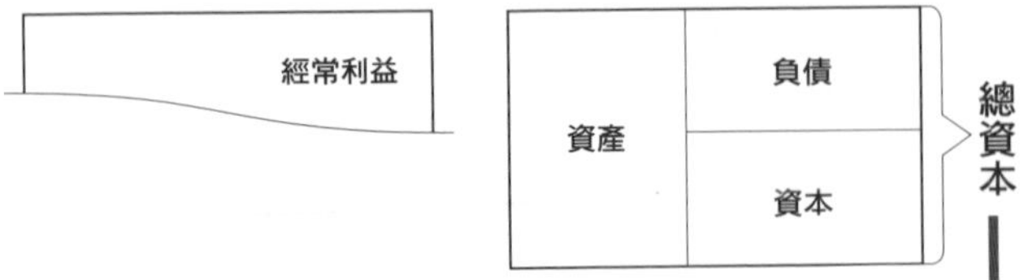

$$\text{資產報酬率} = \frac{\text{經常利益}}{\text{平均總資本}}$$

使用資產負債表計算的時候，要用前期和本期的平均值。

分解之後

$$\frac{\text{經常利益}}{\text{平均總資本}} = \frac{\text{經常利益}}{?} \times \frac{?}{\text{平均總資本}}$$

? 的部分如果是銷貨淨額的話，

$$\frac{\text{經常利益}}{\text{平均總資本}} = \frac{\text{經常利益}}{\text{銷貨淨額}} \times \frac{\text{銷貨淨額}}{\text{平均總資本}}$$

資產報酬率	經常利益率	總資本回轉率
	收益性分析指標	效率性分析指標

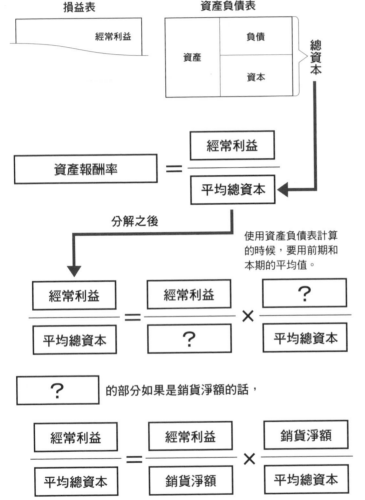

總資本是前期和本期的平均值

因為要分析的不是本期資產負債表上的資本，而是某一特定期間的收益，所以要用前期和本期的平均值來計算。

損益表　自○○年4月1日
至○○年3月31日　（單位：百萬日圓）

銷貨淨額	100
銷貨成本	30
銷貨毛利	70
銷售費用及一般管理費	60
營業利益	10
營業外利益	0
經常利益	10
特別損益	10
本期稅前純益	20
法人稅等	10
法人稅等調整額	0
本期純益	10

資產負債表

（前期）　○○年3月31日　（單位：百萬日圓）

資產	100	負債	60
		資本	40
總資產	100	總資本	100

（當期）　○○年3月31日

資產	120	負債	60
		資本	60
總資產	120	總資本	120

總資產報酬率也叫ROA（Return on Asset）。

$$\text{總資產報酬率} = \frac{\text{經常利益}}{\text{平均總資本}} \times 100$$

以上表的數值為基礎計算

$$\text{總資產報酬率} = \frac{10}{(100+120)\div 2} \times 100 = 9.09\%$$

會因業種不同而有不同，但是最理想的總資產報酬率是在10%以上。

總資產報酬率是用損益表中的經常利益除以資產負債表中的總資本後算出來的。

從這個數字就可以知道公司是否很有效率地運用所有的資產為股東們賺取利潤。所以這是謀求公司綜合力的指標。

計算總資產報酬率的公式因為和銷貨淨額有關係，所以又可分解成純益率和總資本回轉率兩個公式。

純益率是了解公司收益性的比率。總資本回轉率則是了解公司效率性的比率。

公司要穩定，純益率和總資本回轉率要保持平衡。總而言之，要謀求公司的綜合力量，就必須要經常把純益率、總資本回轉率和同業其他公司及自己公司前期的成績做比較再加以分析。

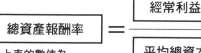

為股東們而計算的股東權益報酬率

自有資本就是股東自己出資的資金，所以也叫做股東資本（股東權益總額）。想知道公司如何運用股東的股本來創造利潤，就要看股東權益報酬率（ROE），所以這是股東們最關心的指標。

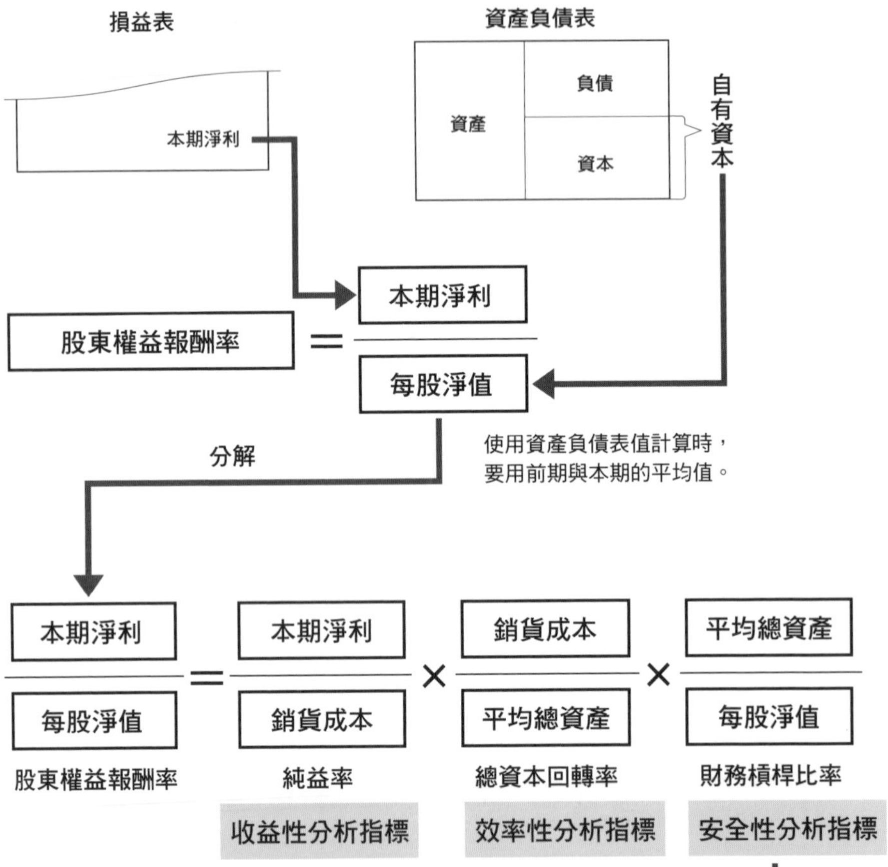

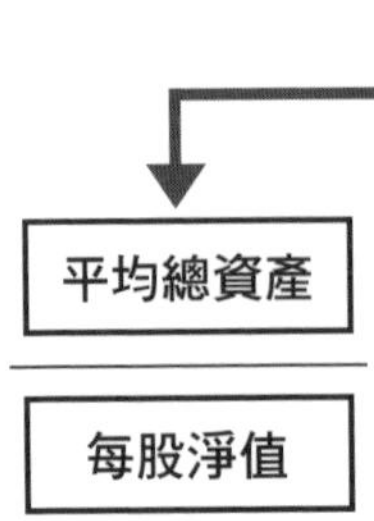

財務槓桿比率就是股東權益在總資產（總資本）中所占的比率。反過來說，也可以說是負債在總資產（總資本）中所占的比率。

ROE不是以週轉資金為資金，所以就算負債很高，ROE還是可以很高。因此，猛一看這個數字好像不錯，事實上，這家公司的安全性可以說是堪慮的。

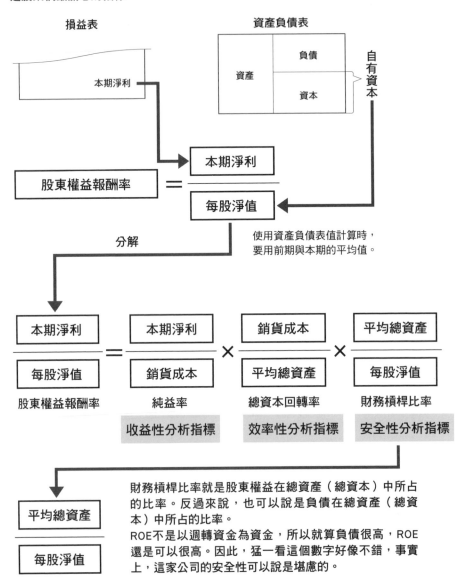

大町愛子！妳也是我爸的情人。妳手中有不少股票，應該知道ROE是多少吧！順便告訴妳，我就是吉原初太郎的女兒大泉笙子！

Q 為什麼要分解ROA和ROE？

A 之所以要分解ROA（資產報酬率）和ROE（股東權益報酬率），是因為當這兩種指標惡化時，這樣會比較容易分析原因出在何處。

如果知道是純益率、淨利率造成收益率的下滑，就要從總資本回轉率去調查回轉率低落的原因。

如果問題出在收益率，或許原因是出在費用增加了。

如果問題出在回轉率低落，或許原因是出在庫存過多。總而言之，找出原因之後，公司就比較容易另謀對策。

總資產報酬也叫ROA。是和ROE非常類似的指標。此外，股東權益報酬率又叫做自有資本利益率。

相對於ROA是表示總資本是否有效運用的指標，ROE則是表示公司是否有效運用自有資本來創造本期淨利的指標。

對股東而言本期淨利是配息的根本，所以是一個絕對不能放任不管的指標。

以前由於日本的個人投資者並不多，所以股東權益報酬率常會受到鄙視，但是未來為了讓更多的人能夠積極參與投資，為股東們著想的股東權益報酬率勢必會定位為重要的指標。

藉由收益性了解公司是否為經商高手

損益表

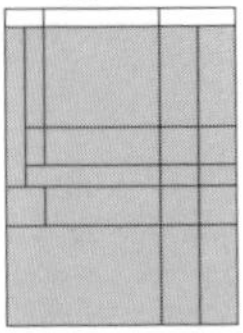

用利益除以銷貨淨額

銷貨淨額
銷貨成本
銷貨毛利
銷售費用及一般管理費用
營業利益
營業外收益
營業外費用
經常利益
特別利益
特別損失
本期稅前淨利
法人稅、居民稅及事業稅
法人稅等調整額
本期淨利
前期結轉餘額
本期未分配盈餘

看看銷貨淨額中的利潤比例，就可以了解收益性。

用這兩種利益去除以銷貨淨額，就可以算出純益率及經常利益率。本期淨利除以銷貨淨額，就是股東權益報酬率分解的那一部分。（參照P.124）

銷貨毛利率

表示進了多少貨及賣了多少貨。比率愈大，表示商品愈有魅力。（參照P.128）

$$\text{銷貨毛利率} = \frac{\text{銷貨毛利}}{\text{銷貨淨額}} \times 100$$

營業利益率

比率愈大，表示只要花些許的管銷費用，就可以很多商品。（參照P.128）

$$\text{營業利益率} = \frac{\text{營業利益}}{\text{銷貨淨額}} \times 100$$

經常利益率

可以解讀來自公司一般經營活動的獲利能力。（參照P.130）

$$\text{經常利益率} = \frac{\text{經常利益}}{\text{銷貨淨額}} \times 100$$

要分析公司的收益性，得利用損益表上的數值來計算。會用到會計科目有銷貨淨額及五個利益。

其中特別重要的是以下三個指標。

①銷貨毛利率（gross income on sales、gross profit rate）

②營業利益率（operating profit ratio）

③經常利益率（ordinary profit ratio）

在分母填上銷貨淨額，在分子分別填上各利益，一除就可以算出這三個指標了。

其中，經常利益率又是計算資產報酬率的公式之一，所以是非常重要的指標。

另外兩個指標通常是經常利益率讓人傷腦筋的時候，為究明原因才會派上用場。

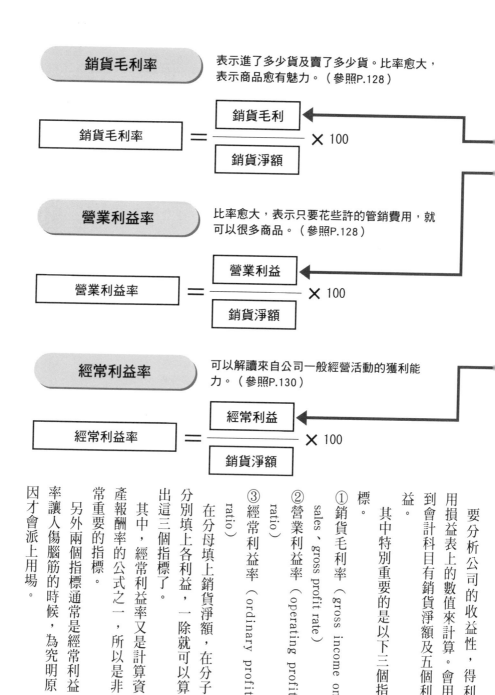

損益表

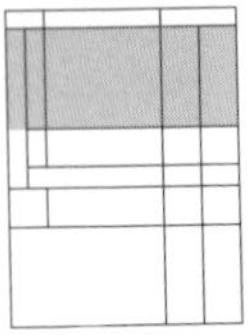

分析和本業相關的收益性

如果不是正數，公司會破產

銷貨毛利率如果是負數，就表示愈賣愈虧，出現赤字的悲慘情形。

就像銷貨毛利又叫「粗利益」一樣，銷貨毛利率也叫做「粗利率」。

損益表①

（單位：百萬日圓）

	A公司	B公司
銷貨淨額	500	700
銷貨成本	400	600
銷貨毛利	100	100
銷貨毛利率	20%	14.3%

把銷貨淨額提高100

損益表②

（單位：百萬日圓）

	A公司	B公司
銷貨淨額	600	800
銷貨成本	480	685.6
銷貨毛利	120	114.4

比較Ａ公司和Ｂ公司。兩家公司的銷貨毛利是相同的，所以銷貨淨額較高的Ｂ公司感覺上好像比較優秀。但是，因為銷貨淨額一增加100萬日圓，銷貨毛利率也跟著變高，所以Ａ公司的銷貨毛利率就比Ｂ公司高出一截了。

一般來說，製造業、服務業靠附加價值獲利，批發業則靠薄利多銷獲利。但是毛利率會因業種的不同而有不同，這點大家必須要留意。

銷貨毛利率的公式

$$\text{銷貨毛利率} = \frac{\text{銷貨毛利}}{\text{銷貨淨額}} \times 100$$

$$\text{銷貨毛利率} = \frac{100}{500} \times 100$$

$$= 20\ \%$$

製造業、服務業理想的毛利率是在25%以上，批發業、流通業則是20%以上。

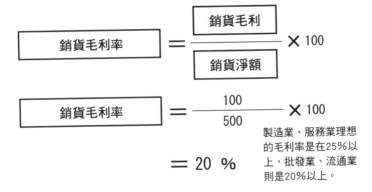

本業活動的收益性

損益表③

（單位：百萬日圓）

銷貨淨額	500
銷貨成本	400
銷貨毛利	100
銷售費用及一般管理費用	60
營業利益	40

來自公司本業活動的利潤叫做營業利益。從營業利益和銷貨淨額的關係上，就可以算出營業利益率。

營業利益率的計算公式

$$\text{營業利益率} = \frac{\text{營業利益}}{\text{銷貨淨額}} \times 100$$

以損益表③的數值來計算

$$\text{營業利益率} = \frac{40}{500} \times 100$$

$$= 8\%$$

製造業、服務業理想的營業利益率在7%以上，批發業、流通業則是3%以上。

銷貨毛利率就是表示公司以多高的價格把進貨、製造的產品、服務等賣出去。也就是公司產品獲利能力的指標。

比率愈高，表示顧客對公司商品、產品等的認同度愈高。也就是商品、產品比較有競爭力。

不過，比率偏低也未必就不好。因為有的公司就是靠薄利多銷成功的。

另外，從銷貨毛利率還可以看到公司的銷售方針。

接下來的營業利益率，則是銷貨淨額中靠本業獲利的比率。如果數值好像偏低，就表示公司只能夠靠本業之外的活動提高收益，所以股東都會期望看到數值較高的營業利益率。

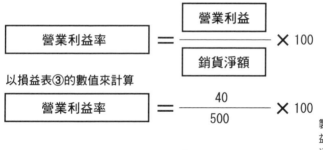

損益表

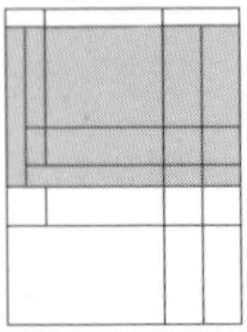

經常利益率是分析收益的核心獲利率

最重要的獲利率

損益表①

（單位：百萬日圓）

銷貨淨額	500
銷貨成本	400
銷貨毛利	100
銷售費用及一般管理費用	60
營業利益	40
營業外收益	10
營業外費用	20
經常利益	30

用損益表中的經常利益和銷貨淨額來計算。使用五個利益和銷售淨額，可以算出不同的獲利率，其中以經常利益率為最重要。因為經常利益率是分析收益性最基本的指標。如果經常利益率往下跌，純益率也自然而然會往下跌。想要知道原因，只要查一查前一頁說明的銷貨毛利率、營業利益率等。

經常利益率的計算公式

$$\text{經常利益率} = \frac{\text{經常利益}}{\text{銷貨淨額}} \times 100$$

以損益表①的數值來計算

$$\text{經常利益率} = \frac{30}{500} \times 100$$

$$= 6\ \%$$

雖然會因業種的不同而有差異，但是如果有5%以上，就可以放心了。

你就是因為不把錢當錢看，所以才會什麼都不知道。那個傢伙不但會為一塊錢笑，也會為一塊錢哭。

現金流量表和收益性

用損益表中的各種利益，不但可以計算公司的收益性，還可以配合手邊的現金計算收益性，所以把兩種收益性做比較也非常重要。使用現金流量表中的自由現金流量（參照P.112），就可以算出「邊際現金流量」（Cash Flow Margin）和「總資本現金流量比率」。

邊際現金流量 ＝ 自由現金流量 ÷ 銷貨淨額

把用利益除以銷貨淨額，計算各種獲利率的公式中的利益（P.126、P.127），置換成自由現金流量，就可以算出現金在銷貨淨額中占了多少比率。利益並不只等於手邊的現金， 從邊際現金流量就可以知道銷貨淨額中，有多少可以實際「使用的現金」。

總資本現金流量比率 ＝ 自由現金流量 ÷ 總資本

把用經常利益除以總資本，計算資產報酬率（ROA）公式中的經常利益置換成自由現金流量，就可以知道總資本創造了多少的現金。

和可以看到公司綜合力量的資產報酬率有關的經常利益率，可以針對銷貨淨額計算經常利益。從銷貨淨額中算出來的各種獲利率中，就以經常利益率為最重要。

經常利益是從公司日常活動中創出來的獲利，等於是把運用理財投資等等副業的獲利，加諸在靠本業所創造的營業利益之上。

要分析收益性，只算出經常利益率之後，就可以看出前面說明過的各種獲利率。

經常利益率如果比營業利益率高出許多，就表示公司或許太過熱衷轉投資。反之，經常利益率如果比營業利益率大幅減少，即表示公司有運用資金失敗之虞。

五種週轉率

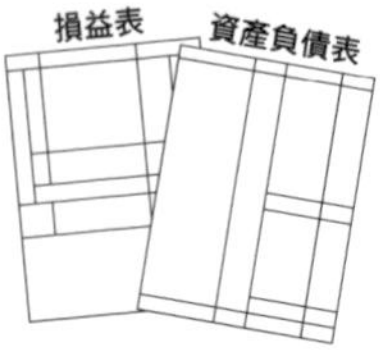

以總資本週轉率為基本，分析公司的效率性。
如果需要從分析結果做更進一步詳細的分析，就要分析各個科目的效率性。

週轉率佳的公司就是好公司

存貨週轉率

分析倉庫中是否有過多的庫存，衡量商品、產品的販售效率。（參照P.136）

固定資產週轉率

分析土地、機械等等之固定資產如何有效運用，並提升了多少營業額。簡單說就是衡量固定資產的使用效率。（參照P.138）

總資本週轉率

分析公司所有資產的使用效率。是衡量公司綜合力的資產報酬率的一部分指標，所以在這五個回轉率中最為重要。總資本週轉率是分析效率性最基本的回轉率。（參照P.134）

應收帳款週轉率

希望能夠早一點將客戶的應收款項以現金的方式回收。也就是分析能夠以多快的速度讓公司下一次的週轉資金到位。（參照P.140）

應付帳款週轉率

對公司而言，能夠盡可能拖延要付給交易客戶的應付帳款是樁好事。也就是分析能夠把償還債務的時間拖得多長。（參照P.142）

所謂公司的效率性，就是指公司的資產、負債、資本（股東權益）如何有效運用，如何提高營業額。

要分析效率性，就要計算「週轉率」和「週轉期間（週轉天數，收現天數）」。

週轉率是計算被運用的資產、負債、資本在一年中週轉了幾次，並提高了多少營業額的指標。週轉次數愈多，效率性就愈佳，當然營業額也會跟著增加。但是，分析負債的週轉率則是愈少愈好。

週轉期間是計算被運用的資產、負債、資本，在哪一天、哪一月可以回收的指標。

就效率性來說，週轉期間當然是愈短愈好。因為愈快回收，就可以愈快投資接下來的事業，才不會錯失商機。

週轉率和週轉期間的計算公式正好倒過來

計算週轉率的公式是用銷貨淨額去除以所關心的科目。計算週轉期的公式則正好相反，是用所關心的科目去除以銷貨淨額。

週轉率的公式

$$\text{週轉率} = \frac{\text{銷貨淨額}}{\text{關心的科目}}$$

週轉期間的公式

$$\text{週轉期間} = \frac{\text{關心的科目}}{\text{銷貨淨額}}$$

再進一步乘上365，或者是乘以12，就可以分析以天數或月數為單位的回轉期間。

不過，如果是分析負債的回轉期間，付款時間拖的愈長，對公司反而愈有利。所以分析負債時，回轉期間是愈長愈好。

事實上，要計算回轉率和回轉期間，要從總資本開始分析。

總資本回轉率是衡量公司綜合力的資產報酬率的一部分，所以是最重要的回轉率。

如果總資本回轉率不佳，公司的活動就要踩煞車，仔細分析回轉率，找出其中的原因。

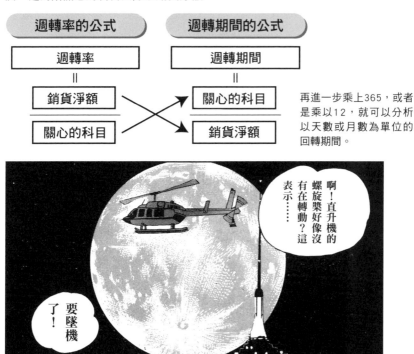

總資本週轉率和週轉期間

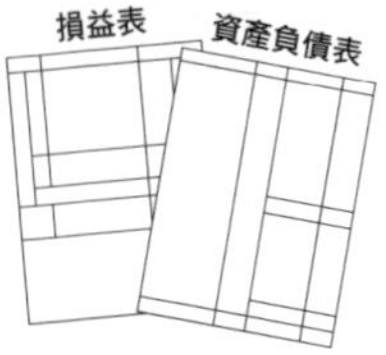

資本從籌集、運用到回收叫週轉一次。運用總資本在一定的特定期間內可以回收的次數就是總資本週轉率。在以金錢的模式回收之前的這段期期間就叫總資本週轉期間。

即使總資本只有一點點，也能夠增加很多營業額才是最重要的！

損益表

自〇〇年4月1日
至〇〇年3月31日
(單位：百萬日圓)

銷貨淨額	100

資產負債表（前期）

〇〇年3月31日 (單位：百萬日圓)

資產	100	負債	60
		資本	40
總資產	100	總資本	100

資產負債表（本期）

〇〇年3月31日 (單位：百萬日圓)

資產	120	負債	60
		資本	60
總資產	120	總資本	120

計算總資本週轉率的公式

$$\text{總資本週轉率} = \frac{\text{銷貨淨額}}{\text{平均總資本}}$$

要分析某特定期間的效率性，不是只用本期資產負債表上的資本，而是用前期和本期的總資本平均數值來計算。

以上表的數值為基礎計算時，

$$\text{總資本週轉率} = \frac{100}{(100+120)\div 2}$$

$$= 0.91\text{次}$$

理想的目標是在1.5次以上。數值愈高表示運用資本的效率越好。

計算總資本週轉期間的公式

$$\text{總資本週轉期間} = \frac{\text{平均總資本}}{\text{銷貨淨額}} \times 365$$

通常都會乘上365或者是12，也就是以日或月為單位來看週轉期間。週轉期間愈短愈好。

以右表的數值為基礎計算時，

$$\text{總資本週轉期間} = \frac{(100+120) \div 2}{100} \times 365$$

$$= 401.5\text{日}$$

八橋新子是歌謠界的女王。公演次數早晚各一場。會場的使用週轉率非常好，觀眾都很高興。

看到餐廳的客人進進出出，我們會說「這家餐廳的回轉率不錯」。公司的效率性即如同這種狀況。

衡量效率性的經營指標，就是一二三頁所列舉的○○週轉率和○○回轉期間。

在這幾個指標當中，總資本週轉率及總資本週轉期間是衡量效率性最基本的數值。

用總資本除以損益表上的銷貨淨額，就可以算出總資本週轉率。倒過來用銷貨淨額除以總資本，算出來的就是總資本週轉期間。

從這兩個數值就可以知道公司的資本（資產）有沒有產生相對的運用效能。如果公司能夠運用少少的資本去提升營業額，就表示公司資本運用效率非常好。

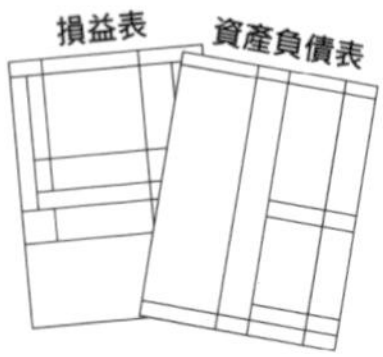

適當的庫存和效率性息息相關

存貨週轉率與週轉期間

長期保有存貨資產，會讓資本從運用到回收的流動產生滯流狀況，嚴重影響週轉。不妨檢視一下公司存貨週轉率是不是變高了，存貨週轉期間是不是變短了。

損益表

自〇〇年4月1日　　(單位：
至〇〇年3月31日　　百萬日圓)

銷貨淨額	100

資產負債表（前期）

〇〇年3月31日　　(單位：百萬日圓)

資產部分	
存貨	4

資產負債表（本期）

〇〇年3月31日　　(單位：百萬日圓)

資產部分	
存貨	6

計算存貨週轉率的公式

$$\text{存貨週轉率} = \frac{\text{銷貨淨額}}{\text{平均存貨額}}$$

要分析某特定期間的效率性，不是只用本期資產負債表上的存貨，而是用前期和本期的存貨平均數值來計算。

以上表的數值為基礎計算時，

$$\text{存貨週轉率} = \frac{100}{(4+6)\div 2}$$

$$= 20\text{次}$$

理想的比率，製造業、零售業是以60次以上，批發業、流通業是以30次以上為基準。

計算存貨週轉期間的公式

$$\text{存貨週轉期間} = \frac{\text{平均存貨額}}{\text{銷貨淨額}} \times 365$$

以右表的數值為基礎計算時，

$$\text{存貨週轉期間} = \frac{(4+6)\div 2}{100} \times 365$$

$$= 18.25\text{日}$$

通常都會乘上365或者是12，也就是以日或月為單位來看週轉期間。週轉期間愈短愈好。以日為單位的話，存貨週轉期間平均為30天，但是不太保留庫存的流通業等業種，能稍稍把週轉期間縮短更理想。

島先生，存貨週轉率是非常重要的比率。但是對經銷高級葡萄酒的我們來說，還有比週轉率更重要的東西。那就是法國的飲食文化。

從資產負債表又被稱為「Balance sheet」就知道，總資產（資產合計）和總資本（負債與股東權益合計）是相等的。

因此，想讓總資本週轉率變大，就設法減少存貨、固定資產等等。

如果想要更進一步詳細分析效率性，就用銷貨淨額去除以構成總資產的各種會計科目。如此就可以算出各種會計科目的週轉率。

存貨週轉率和存貨週轉期間，是維持適當庫存的重要指標。適當的庫存是指對生產、對銷售而言，即不會太多、也不會不夠的庫存量。

公司經營要有績效，存貨週轉率要高、存貨週轉期間要短是鐵的原則。

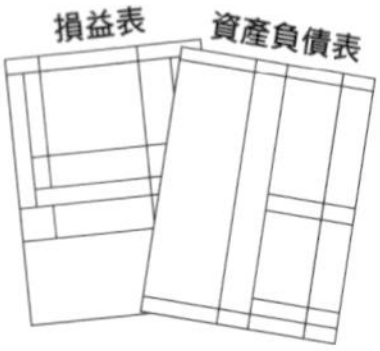

固定資產週轉率和週轉期間

能夠有效使用土地、廠房、機械設備等等固定資產，固定資產週轉率就會變高、資產週轉期間就會縮短。

因為是高額投資，所以凡事都要講求效率

損益表

自〇〇年4月1日
至〇〇年3月31日　(單位：百萬日圓)

銷貨淨額	100

資產負債表（前期）

〇〇年3月31日　(單位：百萬日圓)

固定資產	
建築物、構築物	10
機械設備、搬運器具	20

資產負債表（本期）

〇〇年3月31日　(單位：百萬日圓)

固定資產	
建物、構築物	10
機械設備、搬運器具	10

計算固定資產週轉率的公式

$$\text{固定資產週轉率} = \frac{\text{銷貨淨額}}{\text{平均固定資產淨值}}$$

要分析某特定期間的效率性，不是只用本期資產負債表上的固定資產，而是用前期和本期的平均固定資產淨值來計算。

以上表的數值為基礎計算時，

$$\text{固定資產週轉率} = \frac{100}{(30+20)\div 2}$$

$$= 4\text{次}$$

理想的次數會因業種的不同而有不同。製造業是以2次以上，零售業是以4次以上，批發業是以5次以上為目標。

計算固定資產週轉期間的公式

$$\text{固定資產週轉期間} = \frac{\text{平均固定資產淨額}}{\text{銷貨淨額}} \times 365$$

在這裡也乘上365或者是12，也就是以日或月為單位來看週轉期間。一般來說，週轉期間是愈短愈好。

以右表的數值為基礎計算時，

$$\text{固定資產週轉期間} = \frac{(30+20)\div 2}{100} \times 365$$

$$= 91.25\text{日}$$

是不是討論看看乾脆把二十年前買下的○○車站附近的那塊地賣掉？
不，從二○○七年起，快車開始停靠○○車站。我認為那塊地將來會是一級的商業用地。

大家都會希望在資產當中規模最大的固定資產能夠被有效運用。

工廠、機械設備等等愈能為銷貨淨額貢獻一份力量，固定資產週轉率的數值就會愈高，效率性就會愈好。

固定資產週轉率也和其他週轉率一樣，是用銷貨淨額除以平均固定資產淨額。週轉期間則是把分子、分母倒過來相除，再乘上天數或月數。

要讓固定資產週轉率衝高，就要設法賣掉不會創造利潤的土地、機械設備等閒置的固定資產，或者是不購買固定資產，改用租用的方式運用固定資產。

應收帳款週轉率和週轉期間

盡快回收應收帳款，就可以進一步做為公司的週轉資金。

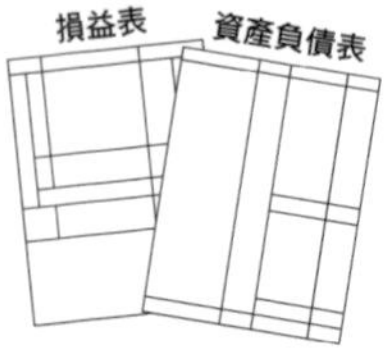

應收帳款回收之後就是活動資金

損益表

自○○年4月1日
至○○年3月31日 (單位：百萬日圓)

銷貨淨額	100

資產負債表（前期）

○○年3月31日 (單位：百萬日圓)

應收票據	20
應收款項	30

資產負債表（本期）

○○年3月31日 (單位：百萬日圓)

應收票據	30
應收款項	20

計算應收帳款週轉率的公式

$$\text{應收帳款週轉率} = \frac{\text{銷貨淨額}}{\text{平均應收帳款}}$$

應收帳款包括應收票據及應收款項。所以要把這兩個會計科目的數值加總，才能算出更精準的週轉率。

把應收票據、應收款項等來自信用交易的債權加起來計算。要分析某特定期間的效率性，不是只用本期資產負債表上的應收帳款，而是用前期和本期的平均應收帳款的數值來計算。

以上表的數值為基礎計算時，

$$\text{應收帳款週轉率} = \frac{100}{(50+50)\div 2}$$

$$= 2\text{回}$$

應收帳款週轉率要愈高愈好。

計算應收帳款週轉期間的公式

$$\text{應收帳款週轉期間} = \frac{\text{平均應收帳款}}{\text{銷貨淨額}} \times 365$$

以右表的數值為基礎計算時，

$$\text{應收帳款週轉期間} = \frac{(50+50)\div 2}{100} \times 365$$

$$= 182.5\text{日}$$

在這裡也乘上365或者是12，也就是以日或月為單位來看週轉期間。一般來說，週轉期間是愈短愈好。

因為你準時把我借給你的錢還給我，
所以我才能平安無事渡過一月分。

自交易客戶手中回收應收票據及應收款項之後就可以變現。公司就可以用現金製造產品、採購商品、進行銷售。在這個過程裡，公司又會擁有應收票據、應收款項，這就是應收帳款的週轉。

請看右頁。右頁的平均應收帳款是五十，銷售淨額是一百。經過計算後，我們就知道應收帳款的週轉次數是二次。

應收帳款週轉率是以銷貨淨額為分子，平均應收帳款為分母來計算。應收帳款週轉期間則是倒過來，以平均應收帳款為分子，銷貨淨額為分母來計算。

如果從資金調度的角度來思考，應收帳款週轉率當然是愈高愈好。

應付帳款週轉率和週轉期間

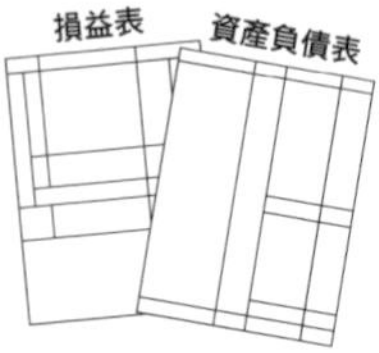

應付帳款的週轉率和週轉期間，和之前所談的週轉率及週轉期間並不相同。不但分母不同，連看的方法也不同。

預定要償還的債務，盡可能延遲為上策

損益表
自○○年4月1日
至○○年3月31日
(單位：百萬日圓)

銷貨淨額	500
銷貨成本	300

資產負債表（前期）
○○年3月31日 (單位：百萬日圓)

應付票據	20
應付款項	30

資產負債表（本期）
○○年3月31日 (單位：百萬日圓)

應付票據	30
應付款項	20

計算應付帳款週轉率的公式

$$\text{應付帳款週轉率} = \frac{\text{銷貨成本}}{\text{平均應付帳款}}$$

和之前因為想知道效率性而計算週轉率的公式不一樣，這裡是用和應付票據及應付款項有關的銷貨成本做為分子。

因為要分析某特定期間的效率性，所以不是只用本期資產負債表上的應付帳款，而是要用前期和本期的平均應付帳款的數值來計算。

以上表的數值為基礎計算時，

$$\text{應付帳款週轉率} = \frac{300}{(50+50)\div 2}$$

$$= 6\text{次}$$

和其他的週轉率不同，應付帳款週轉率要愈低愈好。此外，如果把應付票據及應付款項個別計算，還可以做更詳盡的分析。

計算應付帳款週轉期間的公式

$$\text{應付帳款週轉期間} = \frac{\text{平均應付帳款}}{\text{銷貨淨額}} \times 365$$

以右表的數值為基礎計算時，

$$\text{應付帳款週轉期間} = \frac{(50+50)\div 2}{300} \times 365$$

$$= 60.8\text{日}$$

在這裡也乘上365或者是12，也就是以日或月為單位來看週轉期間。一般來說，週轉期間是愈長愈好。

我知道這是一件不討喜的工作，但是請你體諒公司的立場。
島君，能不能麻煩你請對方把我們應付款項的支付日期再往後延一下。

列入流動負債計算的應付票據及應付款項，也可以計算週轉率及週轉期間。

公司一般都會很任性地要求立刻回收應收票據、應收款項，但是對於要付給客戶的應付票據、應付款項則希望能拖就拖。

所以應付帳款週轉率是愈低愈好，週轉期則是愈長愈好。因為延遲支付的款項，也就是把現金留在自己的手邊，調度資金就輕鬆愉快。

但是，如果為了資金調度的方便而拖延的太嚴重，客戶有可能會失去對公司的信任度，這一點必須留意。

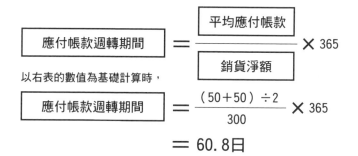

資產負債表

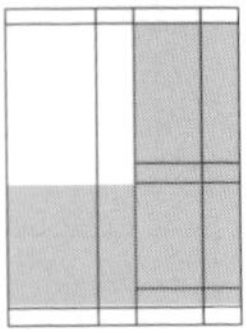

以資產負債表為基礎，檢視公司的安全性

短期償債能力

也就是鎖住從本期結算日起至次期結算日止，這一年之內會流入的現金及會流出的現金，來分析公司的安全性。

次期結算日　　本期結算日

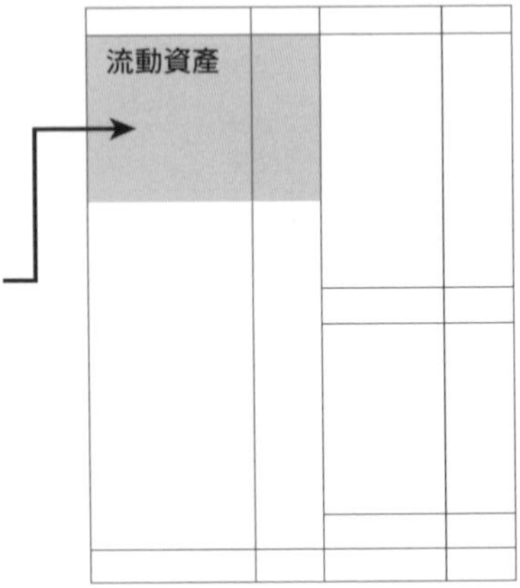

短期償債能力的指標

流動比率・速動比率

P.146～

安全性就是指一家公司是否可以清償客戶、銀行等等債務的能力。也就是償債能力。
流動資產是指在一年內可變現的資產。也就是從流動資產去分析公司在一年之內的償債能力。
速動資產則是很快就可以換成現金的資產。不是一年而是馬上可以變現，所以從速動資產也可以分析公司的償債能力。

判斷公司安全性的方法有兩種。一種是看「短期償債能力」，一種是看「長期償債能力」。

我們就以資產負債表為基礎，來檢視公司的安全性吧！

和短期償債能力有關的會計科目是在一年之內可以換成現金的流動資產，和一年之內有清償義務的流動負債。

簡單來說，就是看相對於非得馬上清償的流動負債，有多少流動資產可以馬上換成現金。

另外，和長期償債能力有關的會計科目則是固定資產、固定負債、資本（股東權益）等。

總之，我們就照著資產負債表籌集資本、運用資金的本來流程來進行分析。

長期償債能力

要用長遠的眼光來看公司的償債能力，得從資產負債表的固定資產和自有資本開始分析。

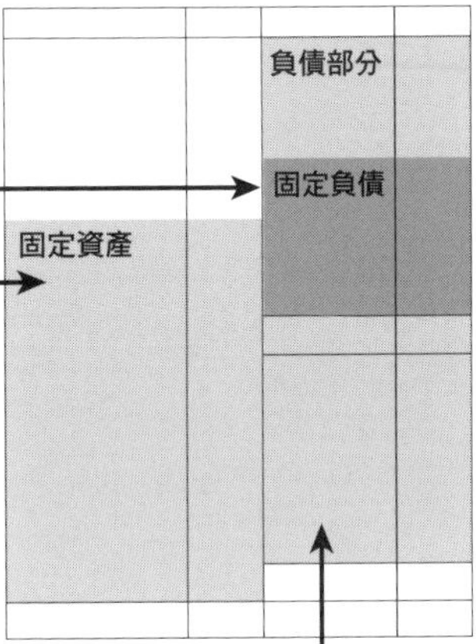

長期償債能力的指標

負債比率・長期資金占固定資產比率

P.148～

以長期使用的固定資產為基礎來分析長期償債能力。因為固定資產在購入的時候，一定需要高額的資金，所以看看沒有清償義務的自有資本在這些資金中所占的比率就叫負債比率。

長期資金占固定資產比率，除了分析自有資本，還得分析固定負債。這是一種用比較姑息的眼光來看長期償債能力的指標。

權益比率

P.150～

在長期償債能力指標中，最基本的指標就是權益比率。

在公司活動泉源的資產部分，分析負債和資本的比率。

當然，沒有清償義務的自有資本愈多，公司的償債能力就愈高。

資產負債表

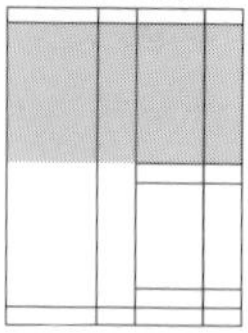

衡量清償能力好壞的流動比率和速動比率

從資產負債表看清償能力

鎖住從流動比率到現金比率的各種清償手段，就可以掌握公司的償債能力。

資產負債表

(單位：百萬日圓)

流動資產	200	流動負債	100
現金及存款	50	應付票據	40
應收票據	10	應付帳款	40
應收帳款	30	短期借款	20
有價證券	40		
存貨	70		

以上表的數值來計算時，

$$\text{流動比率} = \frac{\text{流動資產}}{\text{流動負債}} \times 100$$

$$= \frac{200}{100} \times 100 = 200\%$$

理想的比率是200%以上。

更嚴格分析

流動資產中還包括了存貨。如果存貨為不良庫存，流動比率的數字即不正確。為了避免有這種狀況發生，速動比率也要一起計算。

$$\text{速動比率} = \frac{\text{速動資產}}{\text{流動負債}} \times 100$$

$$= \frac{130}{100} \times 100 = 130\%$$

理想的比率是100%以上。

再更進一步分析

速動資產包括了現金及存款、應收票據、應收帳款、有價證券四個會計科目。也就是為了要分析償債能力，把這四個在流動資產中最容易變現的會計科目整合起來稱做速動資產。

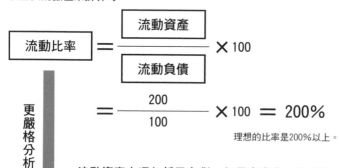

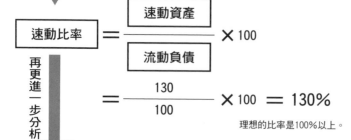

再更嚴格分析

$$\text{現金比率} = \frac{\text{現金及存款}}{\text{流動負債}} \times 100$$

$$= \frac{50}{100} \times 100 = 50\%$$

理想的比率是50%以上。

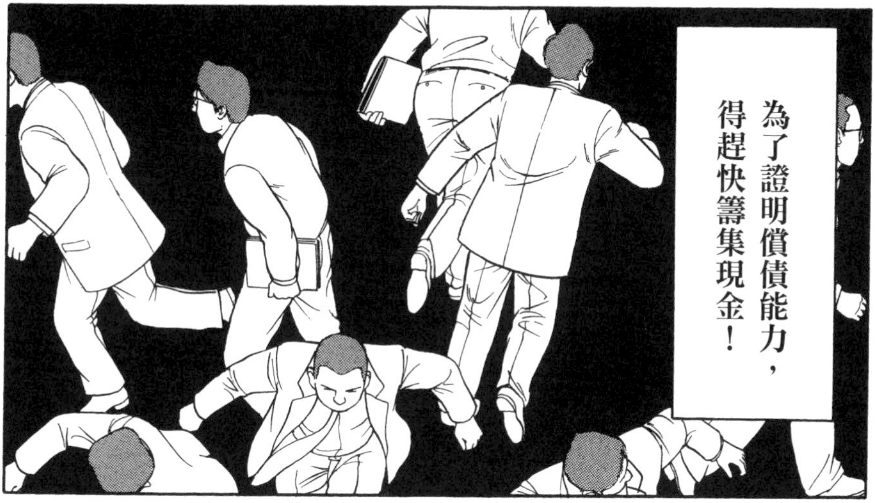

分析公司的短期償債能力有三個指標。即流動比率、速動比率和現金比率。

流動比率就是流動資產和流動負債的比率，表示靠流動資產清償流動負債的能力。

要收的錢比要付的錢多當然比較好，所以流動比率渴望能夠在二百％以上。一般來說，平均是在一二〇％～一五〇％左右。

速動比率則是在流動資產當中變現度最高的速動資產（參照P.31）和流動負債的比率。這是能夠更嚴格分析公司償債能力的指標。

透過現金比率則可以分析公司是否可以只靠手邊的現金及存款處理流動負債。

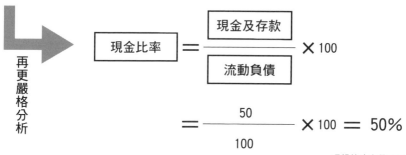

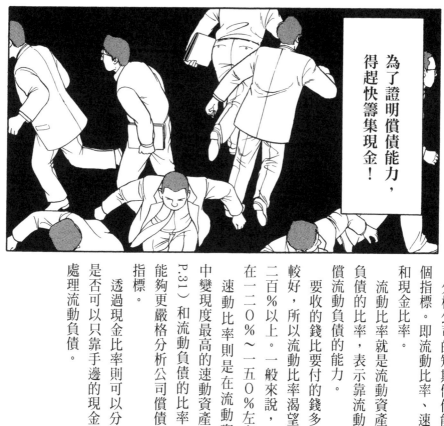

是否是用自己的錢來買大型的東西？

資產負債表

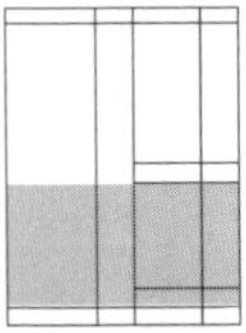

檢視固定資產和自有資本之間的平衡狀態

負債比率和長期資金占固定資產比率愈低，公司的償債能力就愈高。

資產負債表

(單位：百萬日圓)

流動資產	100	流動負債	30
固定資產	50	固定負債	20
		資本（自己資本）	100

把需要一段時間才能看到效果的固定資產 和 沒有清償義務的資本 做比較

$$負債比率 = \frac{固定資產}{自有資本} \times 100$$

以上表的數值來計算時，

$$負債比率 = \frac{50}{100} \times 100 = 50\%$$

理想的比率是100%以下。

負債比率是確定長期償債能力的指標。

用固定資產除以自有資本就可以算出負債比率。

購入土地、建築物、車子等等固定資產需要很多的資金。而且還需要很長的一段時間才可以看到這些固定資產所創造的利潤。

所以購買固定資產的資金，最好是來自沒有清償義務的自有資本。也就是說，自有資本所占的比率愈高，公司的償債能力就愈高。

由於固定資產的數值愈小，自有資本愈大，負債比率就愈穩當，所以計算出來的數值愈小愈好。低於一〇〇%最理想。

另外，根據同一種思考模式計算的比率還有長期資金占固定資產比率。

購買固定資產的調度資金，

$$\boxed{\text{長期資金占固定資產比率}} = \frac{\boxed{\text{固定資產}}}{\boxed{\text{自有資本＋固定負債}}} \times 100$$

分母再加上清償時間遊刃有餘的固定負債。

以右表的數值為基礎計算時，

$$\boxed{\text{長期資金占固定資產比率}} = \frac{50}{100+20} \times 100 = 約42\%$$

理想的比率是80%以下。

如果是使用1年內有清償義務的流動負債來購買固定資產，公司的償債能力就會亮黃燈。以數值來說的話，就是長期資金占固定資產比率如果超過了100%，就要特別注意。

COLUMN

設備投資和償債能力

負債比率是否一定要降低，其實也不能一概而論。

公司為了將來的成長，積極投資設備是必須的。如果公司現在的狀況是在成長期，就不能執著於負債比率，而要積極進行設備投資。

但是，如果是已經邁入成熟期的公司，就會比在成長期的公司更注重償債能力，也就是更重視公司的財務結構。

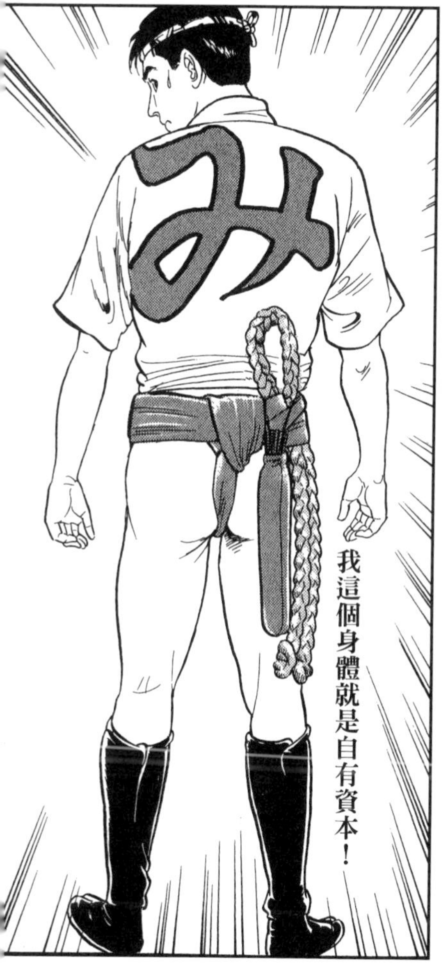
我這個身體就是自有資本！

除了會來自自有資本之外，還會來自償還期間能拖就拖的固定負債。把固定負債能力加入計算，就可以算出長期資金占固定資產比率。

長期資金占固定資產比率也是愈小愈穩當。如果數值在一〇〇%以下就沒問題。如果超過一〇〇%，就可以考慮用短期清償義務的流動負債來購買固定資產。

資產負債表

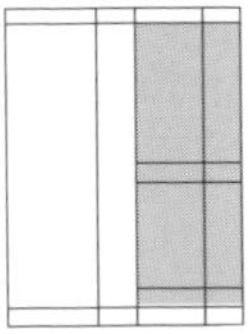

充實資本是健全償債能力的最大課題

從公司活動的資金是依賴負債還是資本，也可以看出公司的償債能力。

這方面的指標就是權益比率。權益比率就是企業總資產中，由業主所提供的自有資本比率，顯示公司在資金調度上對借款的依賴程度。用自有資本除以總資本，就可以算出權益比率。權益比率愈高，公司償債能力就愈高，也就是公司負債愈少，公司財務結構就愈健全。

如果想一眼就知道公司的償債能力，可以看盈餘。

雖然從盈餘多就可以判斷公司的償債能力高，但是用盈餘除以總資本算出來的盈餘比率（Surplus ratio），可以衡量更詳細的償債能力。

計算權益比率

負債有清償義務，也要支付利息。相對於此，自有資本既不必付利息，也不需要償還。所以自有資本在總資本中所占的比率愈高，公司的財務結構就愈穩定。

資產負債表

（單位：百萬日圓）

流動負債	100	
固定負債	100	
股本	100	自有資本
保留盈餘	200	自有資本
負債、資本合計	500	總資本

$$\text{權益比率} = \frac{\text{自有資本}}{\text{總資本}} \times 100$$

以上表的數值為基礎計算時，

$$\text{權益比率} = \frac{300}{500} \times 100 = 60\%$$

理想比率是50%以上。

和負債比率一樣，成長期的公司也不能太執著於權益比率。如果疏忽了投資設備，就會錯失商機。

一目了然的公司盈餘

盈餘多就是順利創造利潤的證據。另外，如果公司碰上了突發性的問題時，也可以運用盈餘來處理。

$$\text{盈餘比率} = \frac{\text{盈餘}}{\text{總資本}} \times 100$$

以右表的數值為基礎計算時，

$$\text{盈餘比率} = \frac{200}{500} \times 100 = 40\%$$

理想比率是40%以上。

危險的公司有虧損額

盈餘滿滿，一眼就看出公司經營順利；虧損額高，則是一眼就知道公司有危險。

虧損額是慢性赤字的證據。情況如果沒有改善，公司就會陷入資不抵債的狀況。如果銀行抽銀根不肯融資，公司是很再難在這種狀況下重新站起來了。

虧損額就是損益表上的本期純損累計。也就是把公司從成立到本期無數次的損失列出來加總計算。（參照P.79）

破產破產是指自有資本為負數，即使把公司所有的資產都變現也無法還債的狀態。

COLUMN

40%是底線！

剛剛才成立的公司另當別論，如果持續了一段長時間活動的公司破產(Insolvency，無力償還)，倒閉的可能性就很大。

據說一家公司虧損額如果達資產的四成，這家公司百分之百會倒閉。

所以好好確認自家公司和客戶公司的權益比率吧！

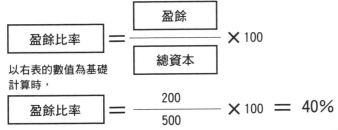

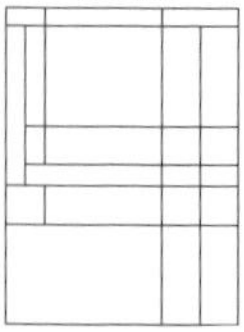

員工、設備創造多少的附加價值

生產力分析的關鍵在附加價值

和勞動生產力、勞動分配率是一體的，少了附加價值就不能計算了。到底什麼是附加價值？

來自獨特路線的附加價值

1萬日圓
以1萬日圓買進在日本買不到的酒（進貨）。這1萬日圓就是銷貨成本。

9萬日圓的差額就是附加價值
在這種情形下，銷貨毛利就等於是附加價值。批發業及零售業可以把這兩者視為是一體的。但是，在製造業卻會有些許的誤差，所以要分開計算。

10萬日圓
愛酒人士以10萬日圓買進了這瓶酒。這10萬日圓就是銷貨淨額。

勞動分配率
是指附加價值中的人事費用比率。會受薪資所影響。如果能夠壓低人事費用，就可以提升效率，提高生產力。（參照P.158）

勞動生產力
是指每一位從業人員平均能夠創造多少的附加價值。（參照P.154）

現在我們要分析公司的生產力。

一般來說，「人、財、物」是企業經營的三大要素。要分析生產力，看這三大要素就對了。

生產力就是每一位員工或每一種機械等等，能夠有效產出多少的利潤。

分析生產力的主要指標有兩個。

一是勞動生產力（Labor Productivity）。

這是計算每一位員工產出多少附加價值的指標。生產勞動力的數值愈高，就表示從業人員的生產效率能愈好。

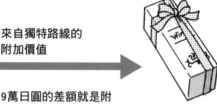

另外一個指標是勞動分配率（Labors' Share）。

分析產出附加價值中，有多少是分配給了人事費用，也就是附加價值中的人事費用比率。比

COLUMN

薪資和附加價值

員工最想要的是高額薪資。

但是，經營者想要的卻是高生產力和低人事費用。

薪資在人事費用中所占的比率最高，所以經營者都會希望儘量壓低。

但是，薪資太低，員工的士氣會低落。薪資太高，公司的經營有窘迫之虞。

所以，兩者一定要達成共識，設定一個能夠保持平衡的金額。

因此，核薪時多會參考業界的平均薪資。

不過，經營者、從業人員對於製造魅力的商品、產品，創造附加價值的想法卻是一致的。

因為只有這麼做，才能自然而然維持一定的生產力並獲得高薪。

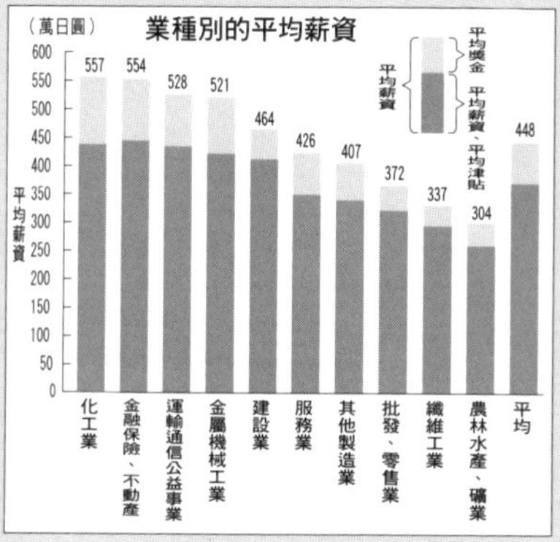
業種別的平均薪資
(萬日圓)
平均獎金
平均薪資、平均津貼
平均薪資
557
554
528
521
464
426
407
372
337
304
448
化工業
金融保險、不動產
運輸通信公益事業
金屬機械工業
建設業
服務業
其他製造業
批發、零售業
纖維工業
農林水產、礦業
平均

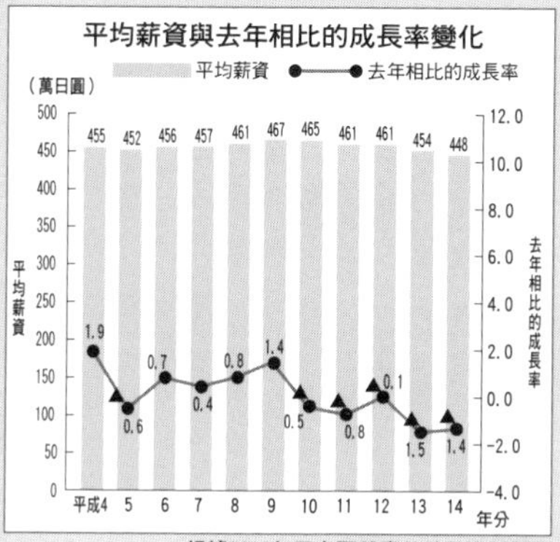
平均薪資與去年相比的成長率變化
平均薪資
去年相比的成長率
(萬日圓)
平均薪資
去年相比的成長率
455 452 456 457 461 467 465 461 461 454 448
1.9 0.6 0.7 0.4 0.8 1.4 0.5 0.8 0.1 1.5 1.4
平成4 5 6 7 8 9 10 11 12 13 14
年分

根據2002年日本國稅廳的統計資料製作

率愈低，表示員工工作效率好，所創造的利潤愈大。員工優秀與否，從這個指標就可以看得出來。

和這兩個指標都有密切關係的附加價值，則是指經由特別路線所獲得的商品、藉由特別技術所進行的產品開發等等，其他公司做不到，只有自己公司可以用自己的方法創造出來的利潤。

要分析生產力不是用銷貨淨額，而是要用附加價來計算。接下來，我們就進入更具體的生產力分析。

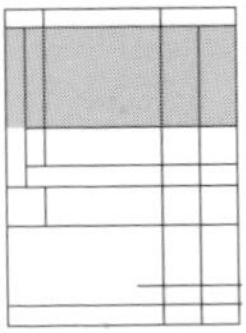

每一位員工所產出的價值

產出勞動生產力的兩個要素

勞動生產力是由員工人數及銷貨毛利計算出來的。

公司的期初員工有十人。

在決算日，也就是期末時，有兩人辭職。公司的員工有八人。

損益表

自○○年4月1日
至○○年3月31日　　(單位：百萬日圓)

銷貨淨額	500
銷貨成本	400
銷貨毛利	100

計算勞動生產力的公式

$$勞動生產力 = \frac{附加價值}{平均從業人員人數}$$

不是用決算日期末的員工人數，而是用和期初時員工人數的平均值來計算。

以上表的數值為基礎計算時，

$$勞動生產力 = \frac{100}{(10+8) \div 2}$$

$$= 11.11（百萬日圓）$$

這個例子的勞動生產力是1,111萬日圓。中小企業的理想勞動生產力是1,000萬日圓，大企業則渴望超過2,000萬日圓。

COLUMN

何謂附加價值

如果要比較豐田和日產的生產力，其實只要單純比較生產輛數及從業人員人數就知道了。

但是，如果要比較豐田和松下電器的生產力，由於業種不同，就不容易搞清楚了。

在這種情況之下，就需要附加價值這個指標了。附加價值顧名思義就是公司附加的價值。進貨的費用、材料費等，因為買進的是對方的價值，所以不能叫做附加價值。銷貨淨額減去銷貨成本後的銷貨毛利，就可以當做附加價值來計算。

批發業、零售業，由於業種個性的關係，銷貨毛利和附加價值沒有多大的差別，所以可以直接把銷貨毛利當作附加價值計算。但是製造業的銷貨成本中涵蓋了人事費用，所以必須稍做調整。

對偶像來說，附加價值非常重要。

衡量每位員工到底能為公司的盈利貢獻多少力量的指標就是勞動力產力，又叫做平均每位員工的附加價值。

用附加價值除以平均員工人數，就可以算出勞動生產力。

從財報中計算附加價值比較麻煩，所以一般都以銷貨淨額減去銷貨成本後的銷貨毛利為附加價值。（參照P.74）

勞動生產力高的時候，只要公司轉投資不失利，或者未做無謂的浪費，都一定能夠獲利。

所以對公司而言，這是最能夠一目了然，也非常重要的指標。

要提高勞動生產力有兩個方法。其實從計算公式就知道了，一是增加銷貨毛利，二是減少員工人數。

提高勞動生產力

分解計算勞動生產力的公式，就可以明白生產力的高高低低，都是因為固定資產和員工人數的關係。

$$\text{勞動生產力} = \frac{\text{銷貨淨額}}{\text{平均員工人數}} \times \frac{\text{附加價值}}{\text{銷貨淨額}}$$

平均每人營業收入　　附加價值率

把勞動生產力的公式再分解成，用銷貨淨額除以員工人數計算出來的平均每人營業工收入，和用附加價值除以銷貨淨額所計算出來的附加價值率率，就可以知道由少數人來銷售商品、產品的獨特價值，和提高勞動生產力息息相關。

再更進一步，

$$\text{勞動生產力} = \frac{\text{固定資產}}{\text{平均員工人數}} \times \frac{\text{銷貨淨額}}{\text{固定資產}} \times \frac{\text{附加價值}}{\text{銷貨淨額}}$$

勞動分配率　　固定資產週轉率　　附加價值率

勞動分配率（Labor Equipment Ratio）是每一位員工所擁有的公司固定資產。
固定資產週轉率（fixed asset turnover）是固定資產所創造的銷貨淨額比率。（固定資產所創造的營業收入比率）
附加價值率是相對於銷貨淨額的附加價值比率。也就是每位員工擁有多少固定資產，又能夠產生多少附加價值的指標。

提高勞動分配率就可以提高勞動生產力。所以只要擅用電腦、機器人等固定資產，並減少人手就可以了。現在這麼說好像有點事後諸葛，但是IT產業的景氣之所以能夠好轉，原因之一就在此。

前一頁提到要提高勞動生產力，不是要設法增加公式中的銷貨毛利（附加價值），就是得減少從業人員。

現在我們就再更進一步仔細看看提高勞動生產力的方法。把勞動生產力的公式分解，就可以進行更細部的分析。

首先，以銷貨淨額為基準，把銷貨淨額分解成平均每人營業收入（平均每人銷貨淨額，Sales per Employee）及附加價值率（value-added to sales ratio）。

然後，還可以再進一步分解成，勞動分配率、衡量勞動效率指標的固定資產週轉率及附加價值率。

從這個過程中就可以明白，充實設備、提高週轉率、減少員工人數就是提高勞動生產力的方法。

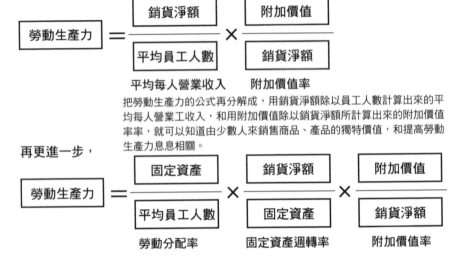

長得還蠻可愛的嘛。
雖然歌藝不怎麼樣，但是臉蛋還不錯。
Pussy是什麼意思？
就是小貓咪的意思。
沒有其他特別的意思嗎？

要計算偶像的附加價值十分困難。

續・何謂附加價值——二種計算方法

要計算附加價值有兩種方法。一個銷貨淨額減去中間投入（中間消費）的扣除法。
中間投入是指材料費、購買零件的費用、外包加工費等，自外面所買入的價值。

另外一種計算方法叫做合計法。
就是把人事費用、金融費用（利息）、折舊費用、租金、租稅公課、經常利益這六個會計科目（GNP，附加價值加總）的金額合計加總起來。

扣除法

銷貨淨額	中間投入
	附加價值

合計法

附加價值	人事費用 ＋ 金融費用 ＋ 折舊費用 ＋ 租金 ＋ 租稅公課 ＋ 經常利益

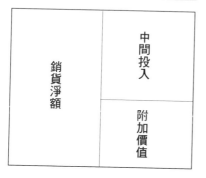

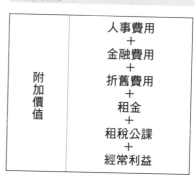

損益表

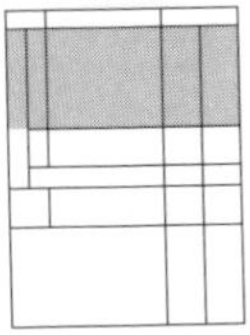

為了提高生產力，要更進一步仔細分析人事費用

人事費用和附加價值的比率

勞動分配率是衡量生產力的重要指標。用人事費用除以附加價值就可以算出勞動分配率。

損益表　(單位：百萬日圓)

銷貨淨額	500
銷貨成本	400
銷貨毛利	100
銷售費用及一般管理費	60

(單位：百萬日圓)

銷售費用及一般管理費	60
薪資	20
獎金	10
法定福利費	10
廣告宣傳費	10
交際費用	10

人事費是指薪資、獎金、退休金、法定福利金（建康保險費、年金保險費）、福利金（婚喪喜慶、員工旅行、尾牙、運動會等的費用）等的合計。

計算勞動分配率的公式

$$\text{勞動分配率} = \frac{\text{人事費用}}{\text{附加價值}} \times 100$$

以上表的數值為基礎計算時，

$$\text{勞動分配率} = \frac{40}{100} \times 100$$

$$= 40\%$$

附加價值就是藉由公司的活動所附加的新價值。用扣除法和合計法計算是最正確的做法，但是這個例子是用銷貨毛利來計算。

能夠把勞動分配率控制在50%以下是最理想的。

Q 勞動分配率比用人費率(人事方面的成本)重要嗎？

A 分析人事費用時，大家或許會覺得很奇怪，為什麼不是用常見的固定公式，也就是用銷貨毛利率、營業利益率、經常利益率來計算（參照P.126、127），而是用勞動分配率來計算。

辛苦計算人事費率，絕不會白費工夫的。

假設有銷貨淨額相同的A、B兩家公司。檢視銷貨毛利率、人事費率之後，發現A公司壓低人事費用，B公司努力提高利潤。

從這個事實我們就可以判斷，A公司走薄利多銷，B公司走重視毛利的經營戰略。

勞動分配率不是從銷貨淨額，而是從銷貨毛利率來看人事費用的比率。換句話說，勞動分配率著重的是，用多少能夠讓公司產生魅力，也就是讓公司創造附加價值的人事費用創造多少的利潤。（從勞動分配率可以知道用多少的人事費用創造多少的利潤。）

所以在銷貨淨額相同的情況下，勞動分配率是能夠連同內容都能一併檢視的經營指標。

	A公司	B公司
銷貨淨額	100	100
銷貨成本	80	60
銷貨毛利	20	40
人事費	10	14
銷貨毛利率	20%	40%
用人費率	10%	14%
勞動分配率	50%	35%

計算銷貨毛利率的公式

$$\text{銷貨毛利率} = \frac{\text{銷貨毛利}}{\text{銷貨淨額}} \times 100$$

計算用人費率的公式

$$\text{用人費率} = \frac{\text{人事費}}{\text{銷貨淨額}} \times 100$$

計算勞動分配率的公式

$$\text{勞動分配率} = \frac{\text{人事費}}{\text{附加價值(銷貨毛利)}} \times 100$$

分析生產力時，一定要看看公司所創造的附加價值都被分配在哪裡去了。現在就試著把附加價值換成銷貨毛利來思考吧！

公司所創造的銷貨毛利，或多或少都會因為償還借款而消失，或者是被當作自有資本存起來了。也就是說，銷貨毛利會被分配到各個會計科目當中。

其中檢視附加價值中有多少是被分配到人事費用的指標就是勞動分配率。

勞動分配率愈低，就表示附加價值中人事費用所占比率掌控的愈好，公司的生產力也就會愈高。

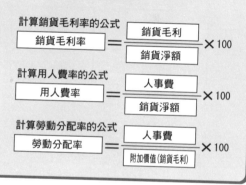

分解勞動分配率的公式

要做更深入的分析，就像之前的例子一樣，只要把公式分解就可以了。

計算勞動分配率的公式

$$\text{勞動分配率} = \frac{\text{人事費}}{\text{附加價值}} \times 100$$

$$\frac{\text{人事費}}{\text{附加價值}} = \frac{\text{人事費}}{\text{平均員工人數}} \div \frac{\text{附加價值}}{\text{平均員工人數}}$$

平均每位員工的人事費　　勞動生產力

用比同業其他公司少的員工經營公司，
每位員工的人事費用就會比較高。
但是為了降低勞動分配率，就必須要有相當的勞動生產力。

要分析公司的經營是有訣竅的。除了要把一個個的公式記下來之外，還要懂得把公式做進一步的分解。現在我們就來分解勞動分配率。

用人事費除以附加價值所得到的勞動生產力公式，還可再分解成平均每位員工的人事費，及在前一頁說明過的平均每位員工的附加價值、勞動生產力。

一分解我們就知道公司花了多少薪資，請員工負責製造或銷售有公司獨特魅力的商品、產品，這可是一個嚴酷的指標。

但是，如果換一個角度來看，這個數值也可以是用來談判提高薪資的資料。因此，這個指標也是衡量自己的成績、並讓自己不吃虧的指標。

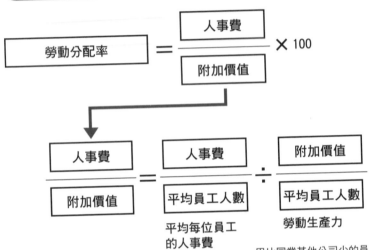

平均每位員工的人事費用

計算平均每位員工人事費的公式

平均每位員工人事費 ＝ 人事費 / 平均員工人數

比較前期和本期的人事費之後，如果本期的人事費有突然激增的狀況，會影響到公司的營運。這點必須要留意。

人事費是指薪資、獎金、退休金、法定福利費、福利保健費等等的合計。

從員工的立場來看，薪資當然是愈高好。但是從經營者的立場來看，卻是希望薪資能夠低一點。

薪資過低員工沒有工作熱情。所以如何讓薪資持衡非常重要。

為了充實平均每位員工的人事費，經營著和員工都必須把目標放在能夠產生附加價值的活動之上。

現在的工會不是要和公司對立，而是要協調勞資雙方大團結，讓公司可以永續經營。……工會就是這樣的組織。

COLUMN

勞動生產力和勞動分配率的不同

分解勞動分配率時，勞動生產力就會出現在公式上。

這兩個關係很密切的指標到底有什麼不同呢？

勞動生產力是以附加價值為分子，以員工人數為分母計算出來的。

這是分析每位員工會產生多少附加價值的指標，所以是把著眼點放在員工人數上來衡量勞動力。

但是，勞動分配率是用人事費除以附加價值計算出來的。只要不再進行分解，員工人數就不會出現在公式上。從這點我們就知道，雖然同樣都是計算勞動力，但是勞動分配率的著眼點是放在人事費之上。

所以從人數和成本兩方面來分析同一員工，就可以更詳盡的看出該員工生產力。

全天候型經營是公司的目標

不管景氣是好是壞，公司一定要擁有不畏狂風暴雨的安定經營體制。損益兩平點就是重要的指標。

損益表

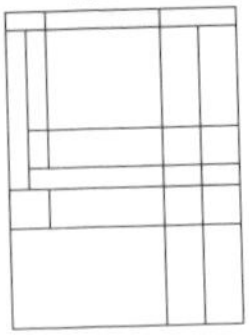

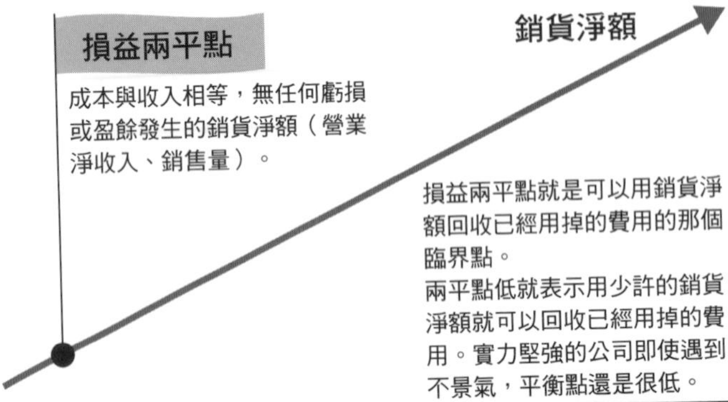
損益兩平點
成本與收入相等，無任何虧損或盈餘發生的銷貨淨額（營業淨收入、銷售量）。
銷貨淨額
損益兩平點就是可以用銷貨淨額回收已經用掉的費用的那個臨界點。
兩平點低就表示用少許的銷貨淨額就可以回收已經用掉的費用。實力堅強的公司即使遇到不景氣，平衡點還是很低。

人人都關心銷貨淨額和費用的平衡點

HOTEL 雅山
男人和女人只要超過了那條線就會原形畢露不是嗎？

損益兩平點是決定公司的活動結果是盈是虧的銷貨淨額。也就是，低於這個銷貨淨額就會虧損，高於這個銷貨淨額就會產生利潤的「收支相抵界線（盈虧臨界點）」。

公司的事業從起步到個損益平衡點之前的這段路，可以說是最難走、最辛苦的一段路。如果銷貨淨額超過損益兩平點，利潤就會隨著銷貨淨額的提升而順利成長。

經營者口中的「事業上軌道了」，即意味著公司的事業已經安全通過損益平衡點了。

損益兩平是具體的數字、是公司的目標，制定經營戰略時絕對少不了它。

利潤圖表和安全邊際

檢視表示損益兩平點的利益圖表，就會知道安全邊際。
銷貨淨額比損益兩平點之銷貨淨額多愈多，就表示全安邊際愈高，倒閉的可能性就愈低。

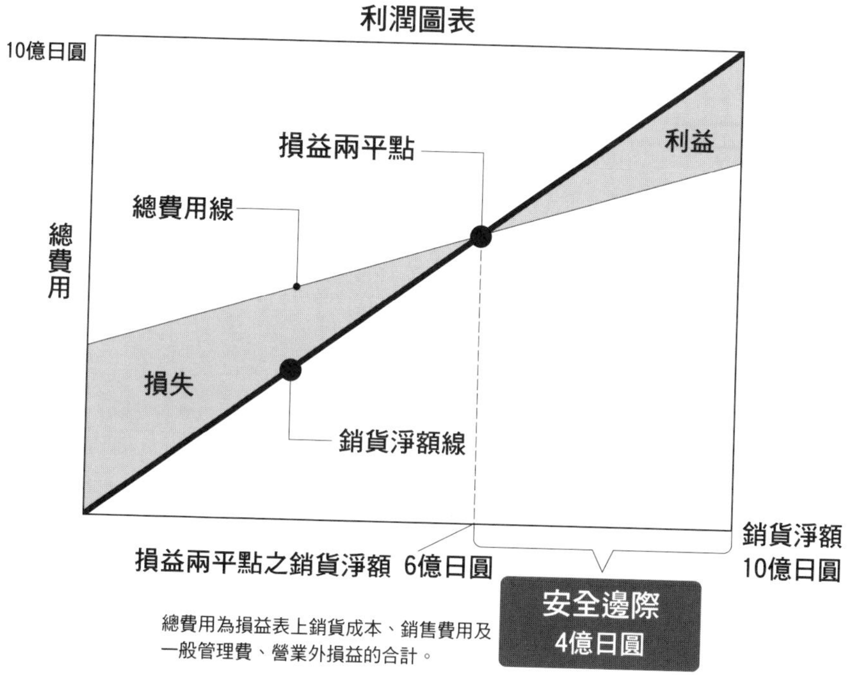

利潤圖表
10億日圓
總費用
損益兩平點
利益
總費用線
損失
銷貨淨額線
損益兩平點之銷貨淨額 6億日圓
銷貨淨額
10億日圓
安全邊際
4億日圓

總費用為損益表上銷貨成本、銷售費用及一般管理費、營業外損益的合計。

掌握三種表

安全邊際 ＝ 銷貨淨額 － 損益兩平點之銷貨淨額

以上表的數值為基礎計算時，

安全邊際 ＝ 10億日圓 － 6億日圓

＝ 4億日圓

也就是，即使從現在的銷貨淨額中減去4億日圓，公司也不必擔心會出現赤字。
能夠經得起不景氣考驗的公司，一定擁有很高的安全邊際。

損益表

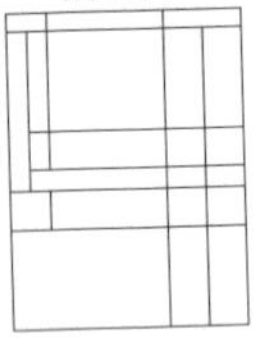

從費用的分解就可以看出公司的具體利益目標

費用的分解

把費用分解成變動費用和固定費用。

（單位：百萬日圓）

會計科目		金額	費用分解	
銷貨淨額		1000		
銷貨成本	材料費	500	固定	0
			變動	500
一般管理費	薪資	300	固定	300
			變動	0
銷售費用	通訊費用等	60	固定	10
			變動	50
營業外收益		0	固定	0
			變動	0
營業外費用		40	固定	40
			變動	0
經常利益		100		

銷貨淨額（1000）－ 經常利益（100）＝ 費用（900）

費用 900 中
- 固定費（350）
  不會和銷貨淨額產生連動關係的費用。
- 變動費（550）
  會和銷貨淨額產生連動關係的費用。

電話費等有基本費，屬固定費。通話費則是變動費。所以通訊費要分解成固定費和變動費。

把費用分解成變動費和固定費之後，就可以開始分析損益兩平點之銷貨淨額了。

要計算利益和損失臨界點的損益兩平點之銷貨淨額，要將費用分解成變動費和固定費。

會隨著銷貨淨額比率增減的費用叫變動費，和銷貨淨額無關、在一定期間內一定會發生的費用叫固定費。會隨著產品的製作而增加的材料費就是變動費，做得再多也未必會增加的薪水就是固定費。

上表中的九億費用之中，變動費是五億五千萬日圓，固定費是三億五千萬日圓。如果只是要分析自家公司的損益兩平點，公司可自行判斷什麼費用是變動費，什麼費用是固定費。但是如果要和別家公司做比較時，就必須根據相同的基準來分解。

接著，再計算變動費率。用變動費除以銷貨淨額，就可以算出相對於銷貨淨額的變動費率。

計算變動費率的公式

$$\text{變動費率} = \frac{\text{變動費}}{\text{銷貨淨額}} \times 100$$

以右表的數值為基礎計算時，

$$\text{變動費率} = \frac{550}{1000} \times 100$$

$$= 55\%$$

計算損益兩平點之銷貨淨額的公式

$$\text{損益兩平點之銷貨淨額} = \frac{\text{固定費}}{1-\text{變動費率}}$$

以右表的數值為基礎計算時，

$$\text{損益兩平點之銷貨淨額} = \frac{350}{1-55\%}$$

$$= 777.78\text{（百萬日圓）}$$

以分母「1－變動費率」計算的話，答案是45%。這個數值就叫做邊際收益率。邊際收益率愈大，就表示公司的業績愈好。

最後，把算出的數值套入上面的公式裡，就可以算出損益兩平點之銷貨淨額。A公司的損益兩平點之銷貨淨額是七億七千七百七十八萬日圓。這個具體的數字就是公司的利益目標。

COLUMN

從邊際收益計算損益兩平點之銷貨淨額

就算不計算變動成本率，還是可以算得出損益兩平點之銷貨淨額。

邊際收益就是銷貨淨額減去變動成本的利潤；再進一步用銷貨淨額除以邊際收益就可以算出邊際收益率（邊際利潤率，邊際貢獻率）。

最後再套用上面的公式，以邊際收益率除以固定費，就可以算出損益兩平點之銷貨淨額。

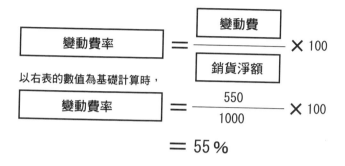

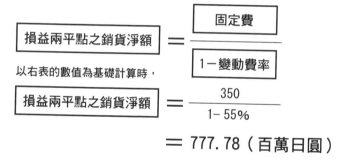

損益表

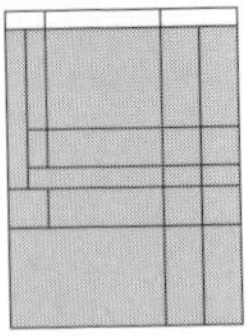

從損益兩平點看公司經營的穩定程度

了解公司經營穩定程度的正反比率

從安全邊際率可以知道公司的經營是否行有餘力，而損益平衡點比率則是追逐行餘餘力的目標。這兩種比率的加總一定是100%。

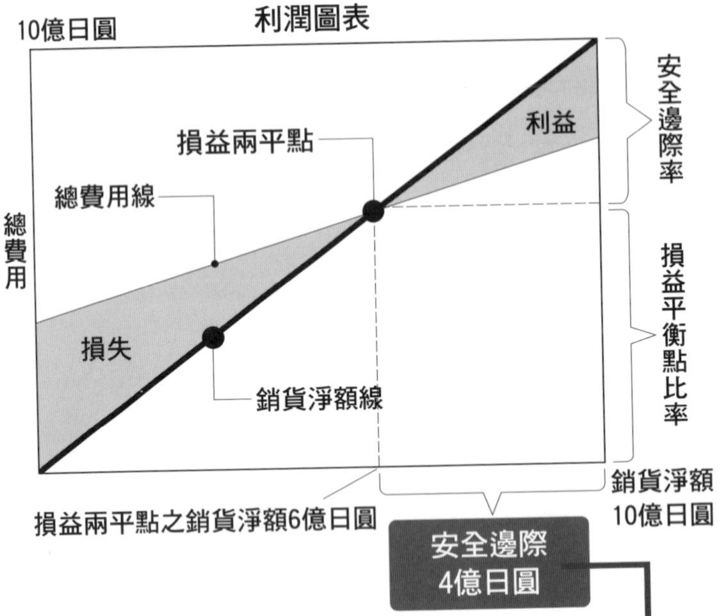
利潤圖表
10億日圓
總費用
利益
損益兩平點
總費用線
損失
銷貨淨額線
安全邊際率
損益平衡點比率
銷貨淨額
10億日圓
損益兩平點之銷貨淨額6億日圓
安全邊際
4億日圓

計算安全邊際率的公式

$$\text{安全邊際率} = \frac{\text{銷貨淨額} - \text{損益兩平點之銷貨淨額}}{\text{銷貨淨額}} \times 100$$

以上表的數值為基礎計算時，

$$\text{安全邊際率} = \frac{\text{4億日圓}}{\text{10億日圓}} \times 100$$

$$= 40\%$$

比率越高越好。因為百分比愈高，表示距離收益和費用持衡的狀態還有段充裕的距離。也就是財務績效愈好的公司，才會預留愈高的安全門檻。

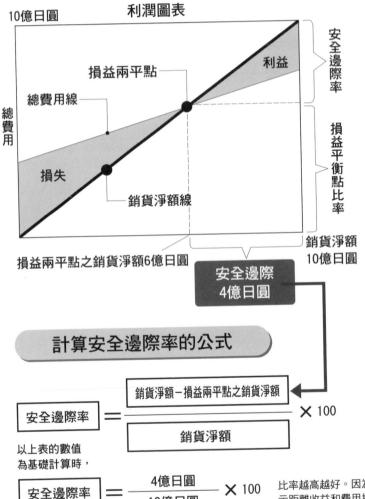

計算損益平衡點比率的公式

$$\text{損益平衡點比率} = \frac{\text{損益兩平點之銷貨淨額}}{\text{銷貨淨額}} \times 100$$

愈低愈好。低於60%最理想。因為100%表示收益和費用持衡，所以如果高於60%，公司的財務就會是赤字。

以上表的數值為基礎計算時，

$$\text{損益平衡點比率} = \frac{\text{6億日圓}}{\text{10億日圓}} \times 100$$

$$= 60\%$$

上班族比小學生更悠閒。

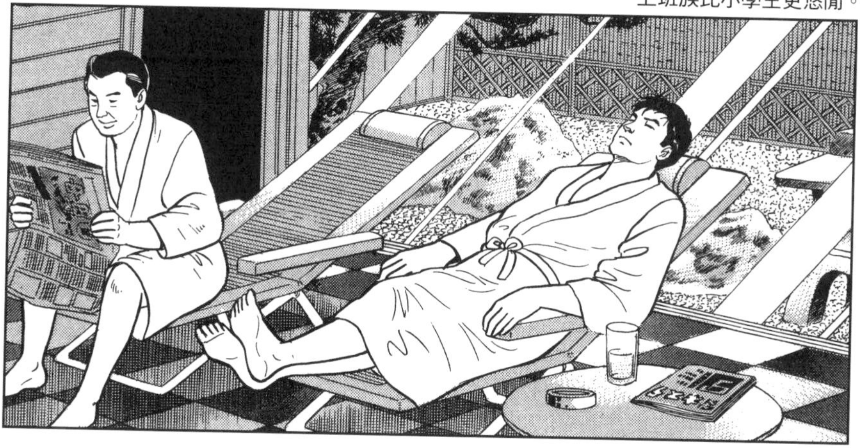

以損益兩平點為經營基礎的指標有兩個，一個是安全邊際率，一個是損益平衡點比率。

安全邊際率就是計算相對於銷貨淨額，到底該留多少安全邊際的比率。安全邊際是預計或實際銷貨淨額超過損益兩平點的具體金額。

安全邊際率的比率愈高，就表示這個公司的經營狀況愈行有餘力。

另外一個損益平衡點比率，則是相對於銷貨淨額，損益兩平點之銷貨淨額到底有多少的比率。

低損益平衡點比率表示公司比較容易創造利潤，所以損益平衡點比率是愈低愈好。

讓公司的經營更平穩的方法

要增加安全邊際只要降低損益兩平點就可以了。方法有二。一是提高銷貨淨額，也就是增加收益。二是削減費用。

1 提高銷貨淨額

銷貨淨額增加，銷貨淨額線就會往上延伸。反之，損益兩平點的位置就會往下降。

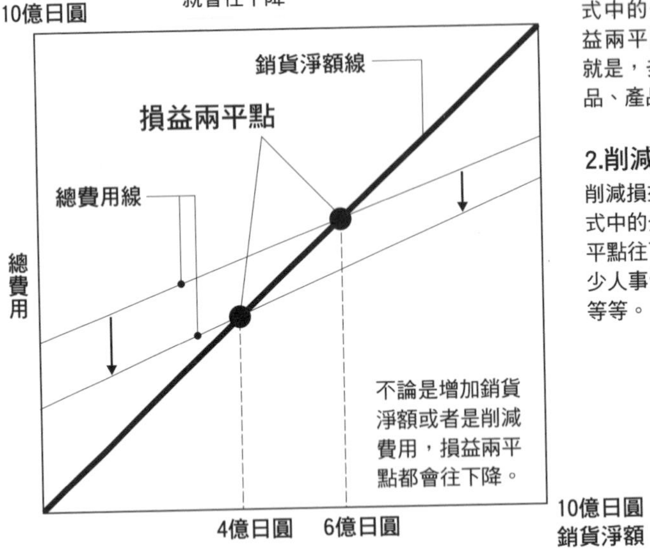
10億日圓
銷貨淨額線
損益兩平點
總費用線
總費用
不論是增加銷貨淨額或者是削減費用，損益兩平點都會往下降。
4億日圓
6億日圓
10億日圓
銷貨淨額

2 削減費用

1.降低變動費率

降低損益兩平點之銷貨淨額公式中的分母變動費率，讓損益兩平點往下降。具體來說就是，多經手有附加價值的商品、產品等等。

2.削減固定費

削減損益兩平點之銷貨淨額公式中的分子固定費，讓損益兩平點往下降。具體做法如，減少人事費用、折舊費用、利息等等。

現在我們從損益兩平點的兩個比率，來看看改善經營的重點。安全邊際愈高、損益平衡點比率愈低愈好。而且從這兩個比率的加總是１００％，我們就知道這兩個比率正好呈反比。

所以只要這兩個比率中的任何一個獲得了改善，就全都改善了。

要提高安全邊際率，只要增加安全邊際就可以了。這麼做的同時，損益平衡點比率就會降低。

因此，公司首先要考慮提高銷貨淨額（營業收入）。除此之外，減少費用也可以增加安全邊際。

在不景氣的情況下，因為物價一直跌，想要提高商品、產品的價格增加營業收入實在非常困難。

錄用兼職者，將人事費用變成變動費

如果邊際收益（銷貨淨額減去變動費的利潤）低於固定費，損益平衡點比率就會超過100%，公司就會是虧損。所以很多公司都以削減固定費為應變對策。讓員工提早優退、調整人事方案等，都是為了這個緣故。

如果公司再進一步把人事費用從固定費變成變動費，也可以壓縮人事費用。

讓人事費用變成變動費，就是配合工作量增加員工或者是減少員工。具體的做法就是，不雇用正式的員工，而雇用計時或兼差的員工。以週為單位的轉班制、雇用打工人員、飯店將宴會廳的工作委外承包等，都是將人事費用變成變動費的例子。新鮮人的企業內定率之所以一直處在嚴冬狀況下，人事費用從固定費變成變動費即為原因之一。

雇用者人數的增減

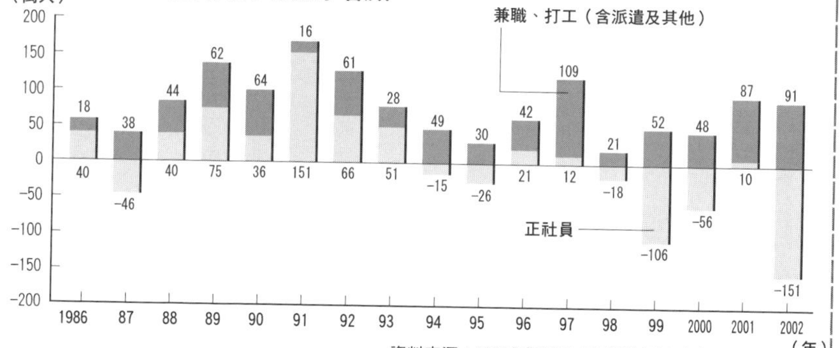

資料來源：2003年版的日本國民生活白皮書

所以公司就會想利用裁員削減人事費用，或者重新檢視各種經費降低損益兩平點，渴望獲得更大的經營空間。

日本經濟如長期不癒的感冒。

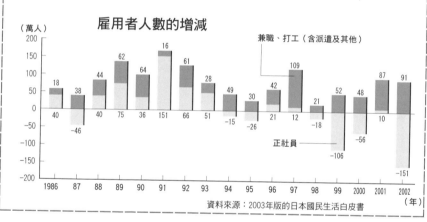

合併！
パチ
パチ
パチ
パチ
パチ
パチ
パチ
パチ

第6章

合併財務報表

將企業集團視為單一組織！

隨著規模的壯大，公司會成立子公司做連結，並以企業集團的形式進行活動。

合併財務報表就是企業集團的成績單。

由母公司編製合併財務報表，公司真實的一面可以看得更清楚。

將企業集團視為單一組織，檢視整體的經營成績

以集團企業整體立場來看的合併財務報表

根據證券交易法的規定，股票上市公司有編製合併財務報表表之義務。合併財務報表的正式名稱為「合併財務報表」。

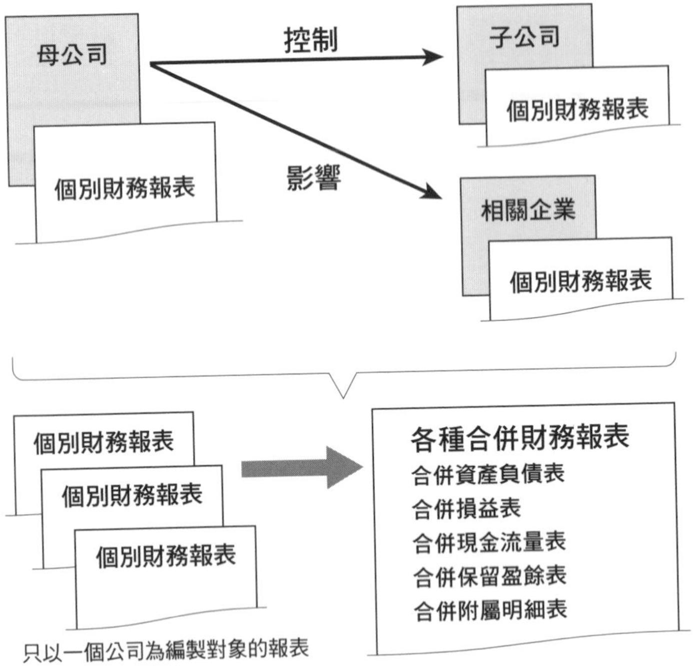
母公司
個別財務報表
控制
影響
子公司
個別財務報表
相關企業
個別財務報表
個別財務報表
個別財務報表
個別財務報表
各種合併財務報表
合併資產負債表
合併損益表
合併現金流量表
合併保留盈餘表
合併附屬明細表

只以一個公司為編製對象的報表叫做個別財務報表

公司隨著業務的擴大及成長，會擁有子公司及相關企業。

譬如，把不同於生產、銷售的事業，交給子公司或相關企業，或者是因為要開發全新的事業而成立新的公司。

這個時候，如果把每一家公司都當成一個個體，檢視每家公司自己編製的財務報表，固然也可以知道母公司、子公司、相關企業的成績，但是由於事業是分散的，還是很難掌握企業整體的成績。

所以必須編製合併財務報表。

合併財務報表就是將二家以上隸屬主從關係的母公司、子公司及相關企業，也就是把集團企業視為單一組織體，由母公司編製、可以看到企業集團成績的財務報表。

合併財務報表的編製方法

合併財務報表是把母公司、子公司個別財務報表上的相同科目相加，再調整母公司、子公司之間的順流、逆流交易編製而成的。子公司和相關企業調整的方法並不相同，這點一定要留意。

如為母公司和子公司

把個別財務報表上的相同科目加總，再用合併交易（順流、逆流交易）進行調整。

單純加總的財務報表

合併交易就是母公司和子公司把重複入帳的金額沖銷。方法有以下三種。

1.投資和資本的互相沖銷

母公司為設立子公司所投資的現金和子公司的股本，如果以集團企業的角度思考的話是相同的，所以可以互相沖銷。

2.內部交易的互相沖銷

如果因為集團企業內的交易，為母公司帶來收益（順流交易），卻讓子公司發生費用（逆流交易）的話，可以相互沖銷。

3.未實現損益的互相沖銷

母公司賣給子公司的商品，如果變成子公司的庫存時，就整個集團企業而言，這筆貨款不能列入銷貨淨額計算。也就是要將這應收帳款自母公司的營業收入中去除。

就是企業集團內的交易，以不列入計算為原則。

如為母公司和相關企業

不用加總的方式，而只針對必要的科目進行調整，再編入合併財報之中，這叫權益法。

權益法

權益分法就是把合併交易再加以簡化的方法。
不需要把各財報的科目一一加總。相關企業的損益只要調整成母公司之相關企業股份之會計科目，就可以列入合併財務報表中。

例：

假設母公司擁有相關企業20%的股份，
相關企業的利潤是100的話。

100×0.2＝20

↓

20這個數值就會反映在合併財報中的「相關企業股份」的會計科目中。

子公司被控制，相關企業受影響

決定子公司、相關企業的兩個基準

用「持股基準」及「實質控制力基準」決定該公司是子公司還是相關企業。

持股基準……如果母公司擁有別家公司過半的股權，就家公司就是母公司的子公司，如果所擁有的股權在20%以上、50%以下，就是相關企業。

實質控制力基準……除了股權之外，還透過派遣董監事、提供相當的資金等等方式進行實質掌控。

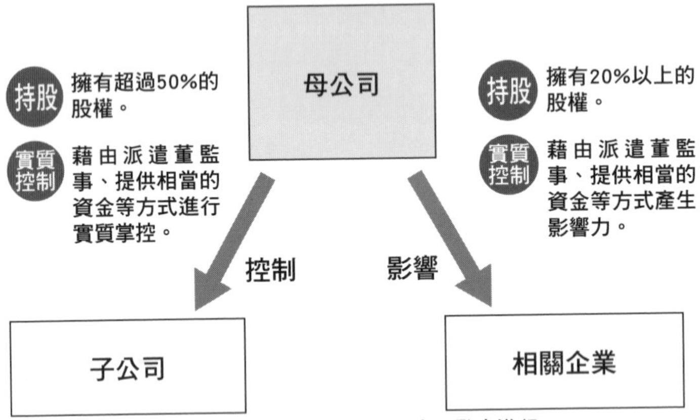
母公司
持股
擁有超過50%的股權。
實質控制
藉由派遣董監事、提供相當的資金等方式進行實質掌控。
持股
擁有20%以上的股權。
實質控制
藉由派遣董監事、提供相當的資金等方式產生影響力。
控制
影響
子公司
相關企業

如果在公司內安排很多的董事、監事進行控制，即使沒有任何股權，也會被認為是子公司。當然這是很極端的例子。

受母公司控制的子公司及被母公司影響的相關企業，是根據以下兩個基準定義的。

第一個基準是「持股基準」。也就是以母公司持有多少子公司、相關企業的股份來判斷的基準。

但是，如果持股基準只流於形式上的基準，母公司即非常有可能實質介入控制業績不佳的子公司或相關企業並操縱持股，不讓真實的狀況反映在合併財務報表上。

如此一來，股東及投資者就看不到集團企業真正的財務全貌。因此，為了讓投資者能夠看清楚實質的控制狀況，「實質控制力基準」登場了。

這個基準大幅提高了集團企業所編製的財務報表透明度。

從前子公司只是隱身蓑衣

在判斷基準只有持股基準的時代，母公司為了要美化財務報表，都會利用子公司、相關企業隱藏虧損。

排除在合併財報之外

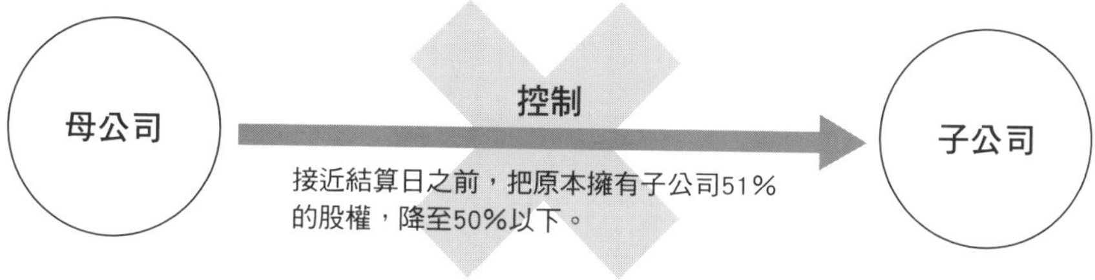

母公司
控制
子公司
接近結算日之前，把原本擁有子公司51%的股權，降至50%以下。

藉著調整股權把業績不佳的子公司排除在合併財報之外，讓集團企業所編製的財務表比較好看。

把不良債權等一腳踢開

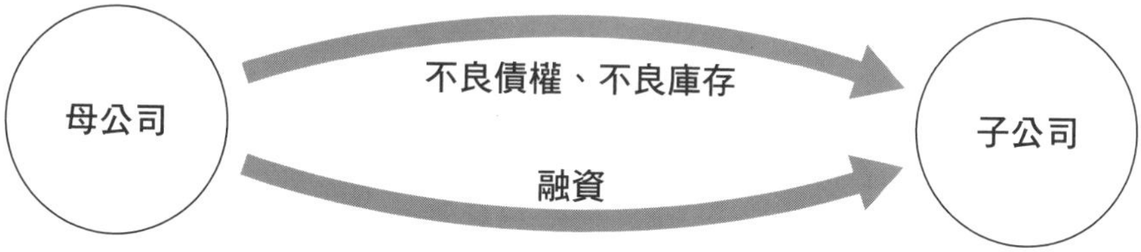

母公司
不良債權、不良庫存
融資
子公司

讓子公司買下母公司所抱的不良債權等等。但是，事實上資金是向母公司融資而來的。從子公司的立場來看，這些融資就是借款。

集團企業就很類似橄欖球的並列爭球。一個人的力量再強，只要搶不到球，力量就會被分散而無力推進。

合併資產負債表

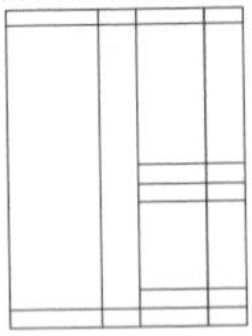

表示集團企業財務狀況的合併資產負債表

現在馬上就能夠解讀合併資產負債表

解讀合併資產負債表的方法，基本上和看個別的資產負債表是一樣的。只要知道被加入的科目就可以了。

資產負債表
○○年○月○日現在　（單位：百萬日圓）

科　目	金　額	科　目	金　額
（資產部分）		（負債部分）	
I 流動資產	○○○	I 流動負債	○○○
現金及存款	○○○	應付票據	○○○
應收票據	○○○	應付帳款	○○○
應收帳款	○○○	短期借款	○○○
有價證券	○○○	未繳納的法人稅等	○○○
存貨	○○○	預提獎金	○○○
其他流動資產	○○○	其他流動負債	○○○
備抵呆帳	△○○○	II 固定負債	○○○
II 固定資產	○○○	應付公司債	○○○
（有形固定資產）	○○○	長期應付款	○○○
建築物、構築物	○○○	應計退休金負債	○○○
機械設備、搬運器具	○○○	合併調整會計科目	○○○
工具、器具、備品	○○○	其他固定負債	○○○
土地	○○○		
（無形固定資產）	○○○	負債總額	○○○
合併調整會計科目	○○○	(少數股東權益)	
專利權	○○○	少數股東權益	○○○
營業權	○○○		
其他無形固定資產	○○○	（資本部分）	
（投資等其他資產）	○○○	I 股本	○○○
投資有價證券	○○○	II 資本盈餘	○○○
長期應收款	○○○	III 保留盈餘	○○○
長期預付費用	○○○	IV 庫藏股	△○○○
備抵呆帳	△○○○		
III 遞延資產	○○○	資本總額	○○○
資產總額	○○○	負債、少數股東權益及資本總額	○○○

和子公司、相關企業的個別資產負債表一比較，就知道哪家子公司對集團企業有貢獻，哪家相關企業在扯集團企業的後腿。

這是個別資產負債表沒有，只有合併資產負債表才有的科目。

用 資產 ＝ 負債 ＋ 少數股東權益 ＋ 資本

維持財務結構的平衡。

根據證券交易法有編製義務的各種財報中的資產負債表，就是顯示某特定時日公司財產狀況的財務報表。（參照P.10）

合併資產負債表基本上和個別財務報表中的資產負債表是一樣的，也就是顯示結算日當天，母公司、子公司、相關企業財務狀況的報表。

看法、內容等等，幾乎都和資產負債表一樣，只是「負債部分」及「資產部分」多了一個「少數股東權益」的會計科目。

所以在「資產＝負債＋資本（股東權益）」的資產負債表編製規則下，就變成了「資產＝負債＋少數股東權益＋資本」。

在負債和資本之間的少數股東權益

做為子公司資金的股票，除了母公司擁有之外，其他人或其他公司也有可能會擁有，這些人或這些公司就叫做少數股東。少數股東所擁有的股份、股票叫做少數股東權益。

例如，母公司擁有子公司70％的股權，其他30％就由其他少數股東所持有。這30％的股權就是少數股東權益。

為什麼少數股東權益要被列記在合併資產負債表的負債和資本之間呢？這是因為少數股東權益只是擁有子公司的股權，和母公司並無關係，並不歸屬於集團企業。所以要和母公司的大股東權益分開列示。由於少數股東權益既不是資本（大股東權益），也稱不上是負債，因此就列記在中間的位置。

例

假設子公司的資本是100，收益也是100。

資本	100	子公司的股權	70
		少數股東股權	30

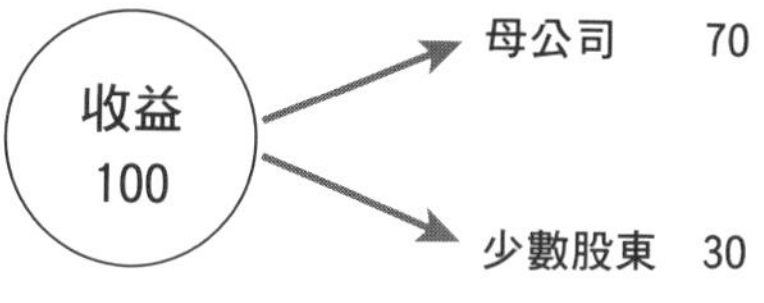

收益
100
母公司　70
少數股東　30

資本、損益也以持股的比率分配，再列入合併資產負債表中計算。

島耕作的所服務的芝初電器，也將經銷公司子公司化。

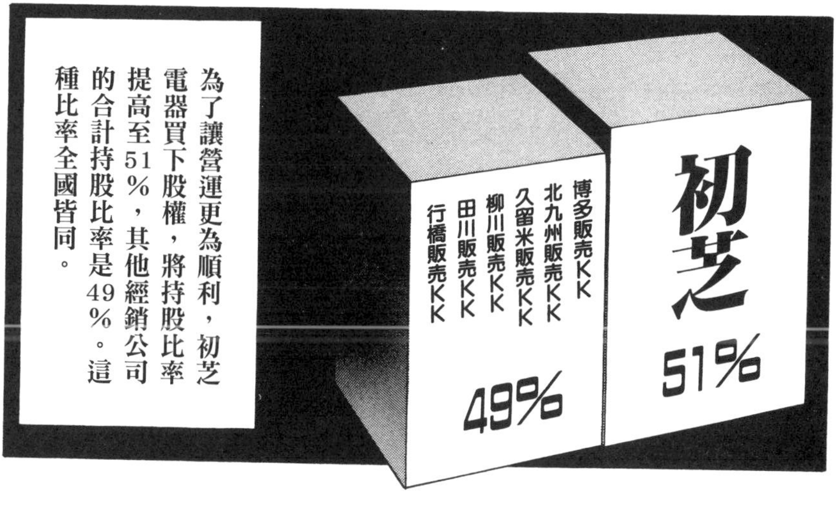

為了讓營運更為順利，初芝電器買下股權，將持股比率提高至51％，其他經銷公司的合計持股比率是49％。這種比率全國皆同。
初芝
51%
博多販売KK
北九州販売KK
久留米販売KK
柳川販売KK
田川販売KK
行橋販売KK
49%

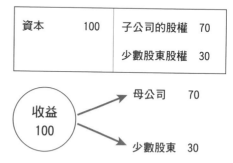

合併的利潤與合併的保留盈餘

只要看得懂個損益表，就馬上能解讀合併損益表。此外，從合併保留盈餘表就可以了解集團企業賺錢的歷史。

合併損益表

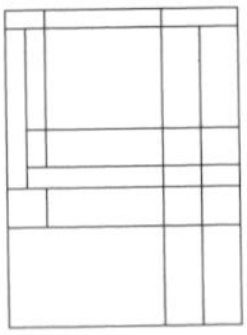

表示集團企業利潤狀況的合併損益表

合併損益表
自○○年○月○日
至○○年○月○日
（單位：百萬日圓）

		科目	金額	
經常損益部分	營業損益部分	銷貨淨額		○○○
		銷貨成本		○○○
		銷貨毛利		○○○
		行銷費用及一般管理費		○○○
		營業利益		○○○
	營業外損益部分	營業外收益	○○○	○○○
		營業外費用	○○○	○○○
		經常利益		○○○
特別損益部分		特別利益		○○○
		特別損失		○○○
		本期稅前淨利		○○○
		法人稅、居民稅及事業稅		○○○
		法人稅等調整額		○○○
		少數股東利益		○○○
		本期淨利		○○○

和子公司、相關企業的個別損益表表一比較，就知道哪家子公司對集團企業有貢獻，哪家相關企業在扯集團企業的後腿。

合併損益表會把少數股權及少數股東損益，及用權益法計算出的相關企業損益列入計算。

合併保留盈餘表

自○○年○月○日
至○○年○月○日
（單位：百萬日圓）

Ⅰ合併保留盈餘期初餘額	○○○
Ⅱ合併保留盈餘增加額	○○○
因為子公司增加而增加的保留盈餘	○○○
Ⅲ合併保留盈餘減少額	○○○
1. 配股、紅利	○○○
2. 董監事的獎金	○○○
Ⅳ本期純利	○○○
Ⅴ合併保留盈餘期末餘額	○○○

表示集團企業從過去到現在的盈餘庫存。功能和個別財務報表的分配盈餘表相同。

COLUMN

合併財務報表特有的科目：合併調整會計科目

母公司和子公司之間，母公司所投資的金額和子公司的資本，屬於集團企業內的交易，所以有可以相互沖銷。

事實上，金額會完全一致，只有在設立子公司那個時候。所以在進行沖銷時，幾乎都會產生差額。這就是合併調整會計科目。

假設某X公司，以A公司為子公司，要把A公司列入合併財務報表中計算。

為了要取得A公司100%的股權，首先要對A公司的資產及負債做時會評估。假設時價是一百萬元，A的價值就是一百萬元。

X公司如果以二百萬元買下A公司，差額一百萬元就是合併整調會計科目。

X公司之所以願意付比A的時價還高一百萬元的錢，讓A公司成為X公司的子公司，是因為X公司評估可以賺回這一百萬元。

對子公司的期望以具體的數字表現出來就是合併調整會計科目。這個金額還會列入資產負債表的會計科目中計算。

和自己交往的男人能夠愈來愈飛黃騰達。這可是銀座女人所期待的。

A公司（股本70、盈餘30）

子公司股權	200	股本	70
		盈餘	30
		合併調整會計科目	100

A公司的資本即暫定為股本70，盈餘30。

合併損益表是表示集團企業在會計期間的活動結果。

合併損益表也和個別損益表一樣，會有「銷貨成本」「經常利益」等等的區分。

其內容及解讀方法也和個別損益表相同，只是在本期純利（本期淨利）之前，會再設一個科目叫做「少數股東利得（或少數股東利損）」。

此外，還會移除在「本期純利」之後，個別損益表上才有的本期轉結餘額（本期未處分利得或本期處分利損）項目。

那麼，保留盈餘的部分如何處理呢？就是全列記在個別財務報表所沒有的「合併保留盈餘表」。

合併現金流量表

表示集團企業資金狀況的合併現金流量表

兩種編製方法

編製個別現金流量表的方法有兩種。編製合併現金流量表也有原則法及簡便法兩種。

原則法

母公司

子公司　子公司

把個別現金流量表加總之後編製。

加總

合併交易

簡便法

資產負債表

損益表

以合併資產表及合併損益表為基礎編製。

合併財務報表

合併現金流量表

（自○○年○月○日
至○○年○月○日）

營業活動之現金流量

投資活動之現金流量

理財活動之現金流量

現金的增加、減少金額

期初現金餘額

期末現金餘額

營業活動
看本業的營業活動產生多少現金，又使用了多少現金。

投資活動
看為了公司的將來，投資活動產生多少現金，又使用了多少現金。

理財活動
看補充本業之不足的理財活動產生了多少現金，又使用了多少現金。

現在你是初芝經營陣容的一分子了，請徹底著手進行管理吧！

COLUMN

什麼事業都不做的控股公司

為了充實合併財務報表，領導集團企業的母公司活動時，總是得從全方位思考整個集團企業的利益。

甚至必須編製各種合併財報，管理整個集團企業的金錢。

而且對母公司而言，當子公司成為母公司事業的一部分時，就是相當大的負荷。

因此，最近控股公司的登場備受注目。

控股公司不參與任何事業的營運，只是持有其他公司的股權。他們集中精神管理集團企業的錢，讓集團企業可以專心經營事業。

如此一來，母公司的負荷就可以減輕了。這種組織形態今後勢必會愈來愈多。

合併現金流量表是表示集團企業在會計期間資金的狀況，也就是現金流動狀況的報表。基本上不論是內容或解讀方法，都和以一家企業為對象所編製的個別現金流量表是一樣的。

編製合併現金流量表有原則法及簡便法兩種。

原則法就是組成集團企業的每家公司編製個別現金流量表之後，先加總再相互沖銷。

簡便法則是以合併損益表及合併資產負債表中的增減額為基礎進行編製。

不管是用原則法還是簡便法，現金流量所透露出來的訊息都一樣。

後記

據說「財報之牆」在商業的世界裡無所不在。有人厭惡盡是數字和沒聽過的會計名詞的財報，有社會新鮮人更是一聽到資產負債表、損益表、現金流量表就惶惶不安。就連「他」和「她」的邂逅也是名副其實的「財報之牆」。

島耕作身為取締役（董事），好像已經會看財報了。但是年輕時，他可是看不懂財報的。他碰了多少壁，又付出多少的努力，別人不知道，只有我最清楚。

提升技能這四個字大家一定耳熟能詳，辛苦學習英文、電腦技巧的商務人士也多如過江之鯽。

解讀財報也是提升技能的一種。從事和商業有關的工作者，先學起來絕對不會吃虧。我個人甚至認為這是非得先學起來的必要技能。

日本的經濟一路辛苦走來，好不容易終於看到了復甦的徵兆。不過，只看成果進行評價的嚴酷時代，也在這個同時正式來報到了。

所以現在企業都會希望商務人士，能夠早點離公司的懷抱而自立。這句話的意思並不是公司要員工自立門戶去創業，而是希望員工在公司內，能夠經常抱持著一顆向上的心面對自己的工作。

看財報就是以客觀的角度，掌握自家公司及交易客戶的經營狀態。從中學習改變工作的方法，用自己的腦袋思考，腳踏實地執行業務。學習看財報，不僅可以認清自己的工作，還可以將視野擴大，延伸到自己的公司，甚至是整個國家。

就是基於這個動機，本書的內容力求淺顯一目了然。能夠穿越「財報之牆」，奠定看財報的基礎，大家一定喜出望外。

整理此書之時，感謝千代田聯合會計事務所今村正先生提供諸多寶貴的意見。在此特別表達謝忱。

二〇〇四年　三月

弘兼憲史

新商業周刊叢書 0676

弘兼憲史教你聰明看懂財報

國家圖書館出版品預行編目資料

弘兼憲史教你聰明看懂財報 / 弘兼憲史著；劉錦秀譯．
——初版．——臺北市：商周出版：家庭傳媒城邦分公司發行，2010.08
面；　公分．——（新商業周刊叢書；337）

ISBN 978-986-120-245-7（平裝）
1. 財務報表

495.47　　99014158

原出版者／幻冬舍
原 著 者／弘兼憲史
譯　　者／劉錦秀
企劃選書／王筱玲
責任編輯／張曉蕊、劉芸
版　　權／翁靜如
總 編 輯／陳美靜
特約編輯／王筱玲
行銷業務／周佑潔、莊英傑、何學文
總 經 理／彭之琬

發 行 人／何飛鵬
法律顧問／台英國際商務法律事務所 羅明通律師
出　　版／商周出版
臺北市中山區民生東路二段 141 號 9 樓
電話：(02) 2500-7008　傳真：(02) 2500-7759
商周部落格：http://bwp25007008.pixnet.net/blog
E-mail：bwp.service@cite.com.tw
發　　行／英屬蓋曼群島商家庭傳媒股份有限公司　城邦分公司
臺北市中山區民生東路二段 141 號 2 樓
讀者服務專線：0800-020-299　24 小時傳真服務：02-2517-0999
讀者服務信箱 E-mail：cs@cite.com.tw
劃撥帳號：19833503　戶名：英屬蓋曼群島商家庭傳媒股份有限公司城邦分公司
訂購服務／書虫股份有限公司客服專線：(02)2500-7718；2500-7719
服務時間：週一至週五上午 09:30-12:00；下午 13:30-17:00
24 小時傳真專線：(02)2500-1990；2500-1991
劃撥帳號：19863813　戶名：書虫股份有限公司
E-mail：service@readingclub.com.tw
香港發行所／城邦（香港）出版集團有限公司
香港灣仔駱克道 193 號東超商業中心 1 樓
電話：852-2508 6231 傳真：852-2578 9337
E-mail：hkcite@biznetvigator.com
馬新發行所／城邦（馬新）出版集團
Cité (M) Sdn. Bhd.
41, Jalan Radin Anum, Bandar Baru Sri Petaling, 57000 Kuala Lumpur, Malaysia.
電話：(603) 9057-8822　傳真：(603)-9057-6622　E-mail: cite@cite.com.my

內文排版 & 封面設計／因陀羅
印　　刷／鴻霖印刷傳媒股份有限公司
總 經 銷／聯合發行股份有限公司　電話：(02)2917-8022　傳真：(02)2911-0053
地址：新北市 231 新店區寶橋路 235 巷 6 弄 6 號 2 樓

■ 2010 年 8 月 5 日初版　Printed in Taiwan
■ 2018 年 6 月 5 日二版 1 刷

定價 260 元

ISBN 978-986-120-245-7

城邦讀書花園
www.cite.com.tw